全新知识大揭秘

# 火箭与卫星

于 洋◎编写

U0340571

吉林出版集团股份有限公司
全国百佳图书出版单位

**图书在版编目（CIP）数据**

火箭与卫星 / 于洋编. —— 长春：吉林出版集团
股份有限公司, 2019.11（2023.7重印）
（全新知识大揭秘）
ISBN 978-7-5581-6328-9

Ⅰ.①火… Ⅱ.①于… Ⅲ.①运载火箭–少儿读物②
人造卫星–少儿读物 Ⅳ.①V475.1-49②V474-49

中国版本图书馆CIP数据核字（2019）第003189号

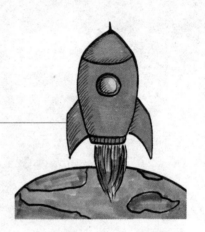

# 火箭与卫星
HUOJIAN YU WEIXING

| | |
|---|---|
| 编　写 | 于　洋 |
| 策　划 | 曹　恒 |
| 责任编辑 | 李　娇　息　望 |
| 封面设计 | 吕宜昌 |
| 开　本 | 710mm×1000mm　1/16 |
| 字　数 | 100千 |
| 印　张 | 10 |
| 版　次 | 2019年12月第1版 |
| 印　次 | 2023年7月第3次印刷 |

| | |
|---|---|
| 出　版 | 吉林出版集团股份有限公司 |
| 发　行 | 吉林出版集团股份有限公司 |
| 地　址 | 吉林省长春市福祉大路5788号 |
| | 邮编：130000 |
| 电　话 | 0431-81629968 |
| 邮　箱 | 11915286@qq.com |
| 印　刷 | 三河市金兆印刷装订有限公司 |

| | |
|---|---|
| 书　号 | ISBN 978-7-5581-6328-9 |
| 定　价 | 45.80元 |

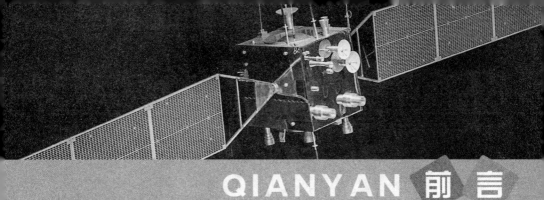

**我**国是火箭的故乡。早在公元 9 世纪，勤劳智慧的中国劳动人民就用火药制成了世界上最早的火箭——火药火箭。

13 世纪，我国的火药和火箭技术相继传到阿拉伯和欧洲。英、法等国制造了许多形式的火箭。随着火箭推进剂和材料科学的发展，1926 年第一枚液体燃料火箭发射成功。第二次世界大战期间，德国研制了新型的 V-2 火箭。

从地球上抛出的物体都会落回地面，是因为地球对周围的物体有吸引力。那么为什么月球不落在地面上呢？是因为月球一方面受到地球的吸引力，使其具有向地球运动的趋势；另一方面，月球本身有一个很大的速度要飞离地球。这样一来，就形成了地球与月球之间的既相吸引又相排斥的运动。当地球的吸引力恰好等于月球绕地球运转的向心力时，月球既不能被吸到地球上来，也不能飞离地球而去，只能绕地球不停地转动。根据这个道理，人们受到启发，才有了后来的人造卫星升天。

根据向心力公式和万有引力定律，人们推算出人造卫星环绕地球运行所需的最小速度约为每秒 7.9 千米。人们把这个速度叫作第一宇宙速度。如果物体运动的速度达到每秒 11.2 千米，它就能挣脱开地球的引力，成为绕太阳旋转的人造卫星了。这个速度又被称作第二宇宙速度。如果物体的运动速度达到每秒 16.7

千米，那么它就能挣脱太阳的引力，飞到太阳系以外的宇宙空间去。这个速度叫作第三宇宙速度。

但是，发射载人火箭，开始时无论如何也不能立即达到第二宇宙速度，因为初速过疾，加速所带来的重压会将人置于死地。

于是，火箭的速度与人身安全之间又出现了新的矛盾，该如何解决这个问题呢？人们当然既主张保持应有的速度，同时还要保障飞行人员的安全。于是，多级火箭便应运而生。

第一颗人造卫星叫"卫星–1"号，是 1957 年 10 月 4 日苏联用强大的"T3A"号火箭发射的。这颗人类第一次制成的人造卫星，沿着椭圆轨道飞行，环绕地球一圈需时 96 分钟。它一边在宇宙空间飞行，一边发出"嘀、嘀、嘀"的电波，向全世界宣告：宇宙时代的第一页揭开了。

1969 年 7 月 16 日凌晨，阿姆斯特朗、奥尔德林、柯林斯三名宇航员被送进了"阿波罗–11"号飞船的舱内。同年 7 月 20 日 22 时 56 分（北京时间 21 日 12 时 56 分），阿姆斯特朗的左脚终于踏上了月面，在那自古荒寂的尘土上印上了他那宽大的靴印。第一位登月者当时讲了一句流传至今的名言："对个人来说，这只是一小步，但对人类来说，它却是一大步。"

# MULU 目录

# 目 录 MULU

**第三章　　载人航天**

# 目录MULU

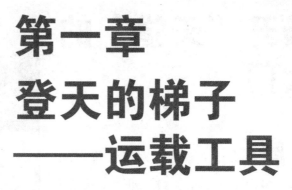

# 第一章
# 登天的梯子
## ——运载工具

**现**代火箭，是根据古代火箭的基本原理发展起来的。我国远在宋真宗时，一个名叫唐福的神卫水军队长（普通下级军官），为了抵御外来的侵略，经过苦心钻研，在咸平三年（1000年）创造了世界上第一支火箭。所谓火箭，是指以固体火药为发射剂，借反作用原理自行发射的装置。

# 敲开"天堂"的大门

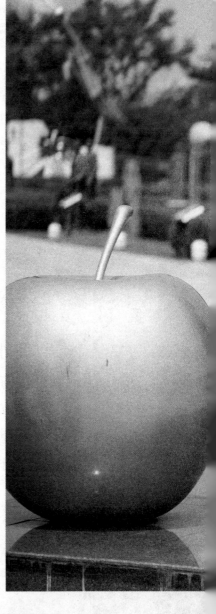

唐代大诗人李白面对举步维艰的蜀道，发出了"蜀道之难，难于上青天"的慨叹。然而，伴随现代科学技术的飞速发展，特别是火箭的发明与利用，人类居然敲开了"天堂"的大门，实现了梦寐以求的登天梦想。那么，人类是怎样借助火箭敲开"天堂"的大门，登上天的呢？人类要想乘坐火箭冲出地球，飞向宇宙，必须闯过三关。

第一关：我们把一个铁球抛向天空，地心引力会毫不费力地把它拉回地面。要想使铁球不降落回来，就要摆脱地心引力。300多年前，牛顿从理论上计算出，当速度达到每秒7.9千米时，铁球就可以克服地球引力成为绕地球转动的一个卫星，遨游天空。每秒7.9千米的速度，被科学家叫作"第一宇宙速度"。

第二关：继续加大铁球的运动速度，使其增大到每秒11.2千米时，这个铁球就不再绕地球转圈圈了，它会摆脱地心引力而沿着抛物线方向飞出地球。每秒11.2千米的速度，就是"第二宇宙速度"。

　　第三关：倘若将铁球的运动速度加大到每秒 16.7 千米时，它就能挣脱太阳系的引力场，沿着双曲线轨道飞出太阳系，真正开始宇宙飞行。每秒 16.7 千米的速度，就是"第三宇宙速度"。

# 人类飞出地球的速度

**我**们通常乘坐的飞机是在包围着地球的大气里航行的，称为"航空"；在地球大气层以外，太阳系以内的范围内航行，叫"航天"；在太阳系以外的无限空间航行，叫"航宇"。航天和航宇，又统称为"宇宙航行"。

火箭要达到每秒7.9千米或11.2千米的高速度，靠一支火箭所携带的推进剂是根本不可能的。科学家提出了"接力赛"的办法，于是多级火箭便应运而生了。

多级火箭就是把几支大小不同的火箭依次联结在一起。在发射时，先是最后一级火箭点火燃烧而喷气，把整个火箭送上高空，等到第一级火箭的推进剂烧完了，火箭壳便自动掉下来。同时第二级火箭开

始点火喷气，使减轻了重量的火箭得到更高的速度。火箭这样一级接一级开动，速度便越来越快。

　目前的巨型火箭都是多级的。有的还在每一级火箭上装了好几台火箭发动机，这样的火箭具有更大的推力，能够达到更高的速度，把更重的物体送上天空。

# 坐炮弹是不能
# 飞出地球的

**17** 世纪，欧洲有两个人，一个是僧侣，名叫麦尔森，一个是军人，名叫普奇。他们把一门大炮端端正正地竖起来，炮筒和地面垂直，炮口正对天顶，他们认为这样打出去的炮弹如果落回来，一定会落在炮筒里；如果落不回来，就说明炮弹已经飞出地球，飞到宇宙空间去了。他们试验了好几次，结果都一样，射出去的炮弹都没有落回来。他们就认为，炮弹的确是飞到宇宙空间去了。

麦尔森和普奇的炮弹，真的飞出地球了吗？不，这是不可能的。麦尔森和普奇的炮弹肯定会落回到地面上来。

为什么炮弹一定会落回到地面上来呢？是地球把它们拉回来

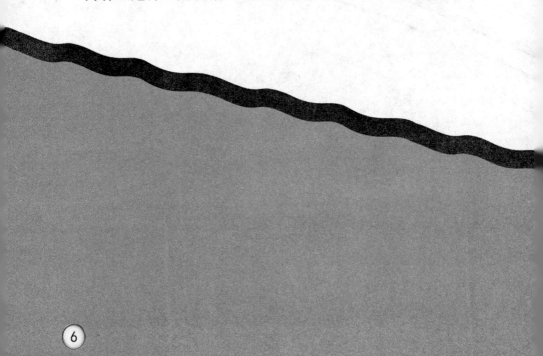

的，因为地球有一股巨大的力量，可以把一切东西都往下拉，这就是地球引力。

对于正在上升的东西，地球引力也把它往下拉，使它越升越慢，每过一秒钟，会使它上升的速度减低 9.8 米。炮弹刚射出炮口，它的速度大约是每秒钟 1 千米，以后每过一秒钟，速度就减低 9.8 米，大约 100 秒钟，它的速度就减到了零。这时候，它就不能再往上升，反而往下掉了，而且越掉越快，最后落到地面上。

# "火龙出水"
# 和多级火箭

**300**多年以前，我国明代水战中出现过一种叫作"火龙出水"的火箭武器。这是一截中间挖空的竹筒，里面装有古老的火药火箭，竹筒下部也装有火箭，前后装饰着木刻的龙头龙尾。作战的时候，在离开水面1米多的地方点燃下部火箭，竹筒靠着火箭的推动，能够在水面上飞越2～3千米远。当起推进作用的火药烧完以后，竹筒里的火箭才被点燃，发射出去杀伤敌军。

因为在发射以前竹筒已经有了很快的速度，当第二次点燃的火箭，射到敌人面前的时候，除掉它本身火药燃烧所产

生的速度以外，还要加上竹筒原有的速度，所以杀伤力就加大了。这实际上就是现代多级火箭的工作原理。单级火箭达不到的速度，多级火箭却能够达到。

多级火箭发射的时候，第一级火箭也就是最下面一级先发动，把整个火箭推向空中，并且达到一定的速度。当第一级火箭里的燃料烧完了，它就自动脱落，第二级火箭马上跟着发动，继续把火箭余下的部分向上推，并且继续加快速度。等到第二级火箭里的燃料烧完了，它也自动脱落，第三级火箭马上跟着发动，继续把火箭余下的部分向上推，并且继续加快速度。

要减少各级火箭中燃料箱和其他装置的重量所占的比例，可以从改进设计、材料、燃料等方面想办法。科学家和工程师在这个问题上已经花了不少心血，有了明显的进展。

# 运载火箭

**我**国宋代，就出现了用火药喷射的火箭。明朝发展成火箭笼，一下可以发射 100 支火箭，那已经是原始的两级火箭了。

运载火箭，就是用火箭把测试器、人造卫星或宇宙飞船等发射到太空去，或火箭上装上核弹头制成洲际导弹，也可以把核弹头发射到很远的目标。火箭成了运载工具，所以也称这种火箭为"运载火箭"。

现代运载火箭结构庞大，"身材"魁梧，竖立在高大的发射塔架旁，高耸入云。一枚三级运载火箭有几十万个零件，直径 5 米以上，长 80 多米，算起来有 18 层楼那么高。发射控制台上有 100 多个开关、按钮、指示灯以及指示图标，还有各种跟踪测量设备、高速摄影机、磁带记录仪等设备。火箭头部放核弹头、人造卫星或飞船，由推动系统产生推力，飞行控制系统保证飞行和命中目标。发射的时候，第一级火箭先点火发动，使火箭腾空而起，扶摇直上，穿越稠密的大气层；接着第二级火箭点火，燃烧完了又自动脱落；第三级火箭再点火，如同接力赛跑。这样，火箭的飞行速度不断加快，达到每秒 7 千米以上，射程一般为 7000～12 000 千米。

运载火箭之所以飞行速度这么快，射程这么远，全靠高能燃料做推进剂。燃料燃烧时，向后高速喷射强大气流，产生反冲作用而使火箭前进。

# 火箭的燃料与速度

**制**造火箭时，为什么要把它的躯体建成一个庞然大物？储备燃料就是原因之一。

火箭所使用的燃料有两种：一种是液体燃料，另一种是固体燃料。这里要说明的是，火箭的飞行速度与其本身喷射气体的速度以及燃料都有关系。火箭的飞行速度，取决于火箭本身的气体喷射速度，而气体的喷射速度又取决于火箭燃料的燃烧情况。

人们从实践中得知，要想处理好这些关系，必须解决好"质量比"这一重要课题。

"质量比"又是怎么一回事呢？人们把满载燃料的火箭的总重量与火箭本身的重量的比值，叫作该火箭的"质量比"。当满载燃料的火箭的总重量是火箭自身重量的2.72倍时，也就是说当火箭的"质量比"是2.72∶1时，燃料经过燃烧之后，火箭的最高速度恰好等于火箭的气体喷射速度。当然，根据火箭所承担的任务不同，"质量比"也可做相应的变换和调整。一般火箭的"质量比"不超过8∶1。当火箭的"质量比"接近8∶1时，那么，火箭的飞行速度就将是火箭喷射速度的2倍。

多级火箭之所以很重，主要是因为它带的燃料多。燃料要是带得不够多，它就不可能产生发射一艘宇宙飞船所需要的巨大力量。

# 多级火箭战高温

**多**级火箭和宇宙飞船怕高温,那么,怎样才能降低多级火箭和宇宙飞船外壳在飞行时候的温度呢?

可以从多级火箭和宇宙飞船的外形上想办法。我们知道,船的头是尖的,这样可以减少水的阻力;飞机的头也是尖的,这样可以减少空气的阻力。但多级火箭和宇宙飞船的头部做得太尖没有好处,因为又尖又细的头特别容易熔化和烧坏,所以火箭的头应该做得钝一些。同样道理,宇宙飞船的头总是做成圆形的,它的尾部则是一个很平的底面,当它从天外飞进大气层的时候,就用这个底面朝前,顶推气流,把灼热的空气狠命地推开,使飞船接受的热量少,散发的热量大。

多级火箭飞行的时候,不仅外壳的温度会升得很高,动力装置内部的温度也很高,燃烧室和喷管必须经得住高温。所以

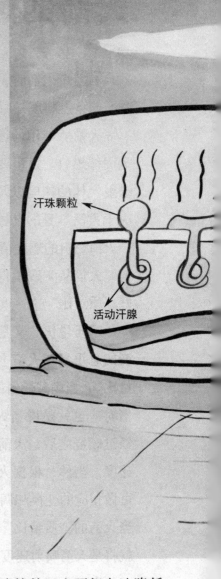

汗珠颗粒

活动汗腺

人们除了用耐高温的材料来制造燃烧室和喷管外,也要想办法降低它们的温度。

每个人都有这样的经验,热天出了汗,身体就觉得凉快一些。原来,皮肤上的汗珠蒸发的时候,会带走许多热量。所以人们在燃

烧室和喷管的内壁上钻了一排排极细的孔，夹层中的燃料像出汗一样不断渗入燃烧室和喷管，燃料受热蒸发，吸走一部分热量，并且在内壁上形成一层气膜，不让高温气体同内壁直接接触，从而保证内壁的温度不致太高。

# 多级火箭战严寒

**多**级火箭不但怕热，也怕冷。我们已经讲过，多级火箭常常用液氧和液氢做燃料。液氧的温度是 $-183℃$，液氢的温度更低，是 $-253℃$。因此，多级火箭的燃料箱必须经得起严寒的考验。

宇宙飞船也是这样，它在星际空间飞行的时候，朝着太阳的一面被晒得很热，另外那一面晒不到太阳，温度会降到 $-200℃$。

所以说，严寒也是多级火箭和宇宙飞船的大敌。倘若不知道严寒的厉害，糊里糊涂地用铁来做多级火箭的燃料箱，它一下子就冻酥了，多级火箭怎么上天呢？

于是，科学家动了许多脑筋，研制成了一些比较不怕冷的特殊合金和一些特别不怕冷的

塑料，来战胜严寒。

　　科学家还用真空来隔绝严寒。例如把燃料箱做成夹层的，像热水瓶的胆一样，这样一来，燃料箱内的液氢、液氧等燃料不会因为受热蒸发损失太多，同时燃料箱外面的设备的温度也不至于降得太低，不会因受到严寒而冻伤。

# 多级火箭的燃料

**火**箭里的燃料点着以后，就会向下喷气。火箭就是靠喷气的反作用力推上天空去的。燃料好，燃料产生的喷气速度就大，火箭反作用力也大，速度就快。所以燃料的好坏，直接影响火箭的速度。

对于多级火箭来说，什么样的燃料才算是好的呢？

首先，燃料的单位质量发热量要高。

其次，燃料的比重要大。

最后，燃料要比较稳定。

那么，什么样的燃料符合这些条件呢？

早期的火箭常常用火药做燃料。但是发射宇宙飞船的多级火箭不用火药做燃料。因为火药的单位质量发热量不够高，燃烧后气体喷出来的速度只能达到每秒钟 1500～2000 米。火药还有个很大的缺点，就是它一旦点着，往往在几秒钟之内就烧完了，不容易控制，不能平稳地把多级火箭推上天空。

为什么火药燃烧的时候不容易控制呢？

我们知道，燃烧就是剧烈的氧化。燃烧的时候必须有燃烧剂（能够氧化的东西），也必须有氧化剂（供给氧的东西），火箭的燃料就是由燃烧剂和氧化剂组成的。所以火箭的燃料不需要空气中的氧气帮忙，在地球大气层的外面也能燃烧。这就是为什么必须用火箭才能发射宇宙飞船的又一个道理。

火药里，燃烧剂和氧化剂是全部混合在一起的，所以一点着就猛烈地燃烧起来，一刹那间就全部烧完了。固体燃料一般都有这样的缺点，所以不能用于多级火箭。现代的多级火箭都用液体燃料。

# 现代多级火箭的液体燃料

**多**级火箭最常用的液体燃料有煤油和液态氧，偏二甲肼和硝酸，还有汽油和液态四氧化二氮。这里煤油、偏二甲肼和汽油是燃烧剂，液氧、硝酸和四氧化二氮是氧化剂。这三组液体燃料的单位质量发热量都比火药高，喷气速度可以达到每秒钟2600～2800米，并且这些燃料容易制造，来源多，价钱比较便宜。

现代多级火箭也可以用液氢和液氧做燃料。液氢是液体化了的氢气，液氧是液体化了的氧气，其中液氢是燃烧剂，液氧是氧化剂。

液氢有很大的缺点。它的比重太小，只有水的1/15左右。用液氢做燃料，需要很大的燃料箱，这就增加了多级火箭的体积和重量。另外，液氢温度很低，是 $-253$℃，这也给选择贮箱材料带来困难。

但是，用液氢和液氧做燃料有许多好处，它们没有毒性，没有腐蚀性，来源多。用它们做燃料，一个最大的好处就是燃烧的时候产生很大的热量，喷气速度可以达到每秒钟4200米，比普通燃料的喷气速度大50%，所以装同样重量的燃料，液氢液氧火箭比普通燃料火箭的速度大得多。

固体燃料虽然有许多缺点，但是使用固体燃料的火箭结构比较简单。因此，现在有些科学家还在研究如何控制固体燃料的燃烧速度，并使它能多次启动。人们还在研究固液混合型的火箭，这种火箭使用的氧化剂是液体的，而燃烧剂却是固体的。

中国航天

CZ-2F

海淀展览馆

21

# 一箭送三星

**1981**年 9 月 20 日，我国成功用一枚运载火箭，把一组三颗空间物理探测卫星送入轨道。这样我国便成了继美国、苏联和法国之后，在世界上第四个掌握这种被人称为"一箭多星"的发射技术的国家。

实现一箭多星，有两种方法。

一种是把多颗人造卫星一次从运载工具中弹射出去。显然，被弹射出去的卫星差不多会在相同的轨道上运行。因此，只要在一枚运载工具上装入需要送上同一轨道的多颗人造卫星就可以了。

另一种是把多颗卫星分别送上不同的运行轨道。携带不同用途的多颗人造卫星的运载工具从地面起飞后，每到达一定高度就在控制系统的操纵下分离出一颗卫星。分离的卫星都会在由它分离时的高度和飞行速度所决定的轨道上运行。

这三颗人造卫星，装有 10 多台探测仪器，它们肩负着测量大气密度、高空磁场、地球—大气系统向外辐射的红外线和紫外线，高空环境中，质子和电子的数量及能量、太阳的 X 射线和紫外线等高空物理探测任务。这些探测数据，为我国空间技术的发展提供了空间环境背景资料，也为我国空间物理的研究工作创造了初步条件。

# 第二章
# 敲开"天宫"大门的使者
## ——人造地球卫星

**空**间科学技术是围绕人造卫星的应用而发展起来的。浩浩长空，有几千颗在轨人造卫星在遨游。人造卫星有的来去匆匆，只待一两天就烧毁或返回地球，有的将长期徘徊在轨道上。它们有的像圆球，有的像圆锥，有的像彩蝶，有的像昆虫，有的像出水芙蓉舒展花瓣……真可谓千姿百态，不胜枚举。

# 卫星的运行轨道

**自**从人类于 1957 年 10 月 4 日发射第一颗人造卫星以来，各国在数千次成功发射中，已将 7000 多颗航天器送上了轨道，把地球文明送上了月球和火星。

所谓卫星轨道，就是卫星在太空中围绕地球运行所形成的规律

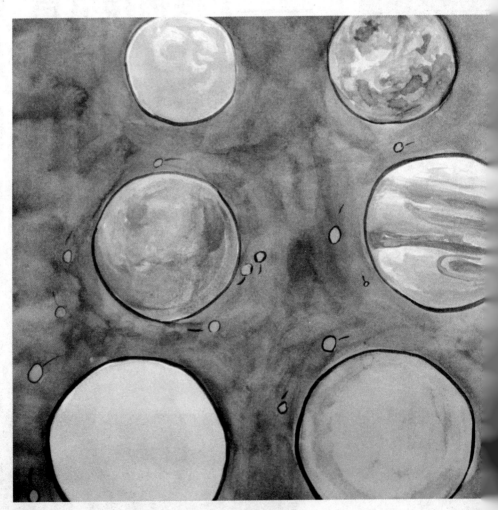

性很强的路线。由于火箭的推力作用，航天器的离心力大于地球的引力而冲出地球，成为绕地球旋转的卫星。由于地球引力是不变的，因此，卫星不会跑掉。同时，卫星的离心力也会长期存在，所以也不会掉下来，会一直运行到离心力消失。

　　每颗卫星都被赋予一定使命，完成这一使命就需要有相应的运行轨道。因此，航天专家便根据卫星所担负的不同任务，确定了多种运行轨道：按形状分有圆轨道和椭圆轨道；按高度分有低地轨道、中地轨道、高地轨道；按方向分有极轨道和赤道轨道。

　　在各类轨道中，用得最多的是圆轨道。因为圆轨道上运行的卫星相对地球是匀速的，这对于完成各种任务有利。而运用椭圆轨道的卫星，一般负有某种特殊任务。

　　倾角为零的圆形地球同步轨道，称为地球静止卫星轨道。这是一种特定的地球同步轨道，距地面高度约为3.6万千米，卫星在这个轨道上运行速度为每秒3.07千米，绕地轴转动的角速度和地球自转的角速度相等。

# 短暂的卫星寿命

**利**用同步卫星进行通信，有许多突出的优点：覆盖范围广，人们只要把三颗同步卫星发射到赤道上空的同步轨道上，整个地球（两极除外）都可以收到它们转播的无线电讯号。此外，它通信距离远，通信容量也大，利用同步卫星进行通信，机动灵活，可靠性高，见效也快……

同步通信卫星从研制、发射、入轨、定点到成为空间中继站，耗资巨大，需要成千上万人通力合作。因此，人们自然期望吉星高照，愿卫星"长生不老"。然而，自然规律不可抗拒，卫星也有"生卒年限"，影响卫星寿命的因素很多，如机械性损坏、早期夭折、自然淘汰、人为性破坏等。

平时所说的卫星寿命，不是指因上述几种因素造成的"短命"，而是指卫星的正常寿命。同步通信卫星的寿命一般可达 2～5 年，而其设计寿命可长达 7～10 年。

　　为什么卫星的寿命只有几年，而不是十几年甚至更长呢？这就需要分析影响卫星寿命的主要因素。主要因素包括卫星上机械设备的磨损、定期调整卫星在轨道上的位置及姿态所需的燃料耗尽而使卫星失控脱轨等方面。但从实践中获知，卫星寿命在很大程度上取决于所用元器件的可靠性。

# 前程似锦的卫星通信

卫星通信为实现迅速、有效、方便、经济的通信这一人类的理想，架起了金色的天桥。位于地球同步轨道的通信卫星，可以中继地面站间微波信息，单颗卫星几乎就可以连续覆盖半个地球。在同步轨道上合理地布置三颗卫星，可以为地球上有人居住的全部地区提供通信服务。美中不足的是，由于空间技术的限制及空间运输费用昂贵，同步通信卫星主要是进行长途服务，连接多个大型、固定的地面站。因此，具体的通信，还离不开地面的通信网络。

随着航天飞机投入商业营运和各种新技术的应用，卫星通信将有更大的发展。未来和过去相比，在卫星和地面设备的尺寸和复杂程度上，将会有个"颠倒"。过去是卫星尽可能简单，天线直径小（约2米），发射功率低（每条信道仅2～20瓦），而地面站往往具有数十米直径的大天线和高功率的发射机，结构复杂，价格也很昂贵。今后的趋势是发射重达数吨的巨型卫星，设置直径

达几十米的大天线并扩大其发射功率，装上微电子处理设备和复杂的网络开关，最大限度地降低对地面站的功率和天线尺寸的要求，从而使地面上为数众多，尺寸小，功率特别低的"地面站"之间，通过卫星实现微波通信。其最终目标，就是将卫星通信变成个人通信的一部分。

人们还扩展了其他卫星通信应用领域，如全球性搜索与救援、飞机船舶导航及边境监视等。

# 给通信卫星插上
# "翅膀"

人造卫星上装有多种电子仪器设备。能否正常地向这些设备供电，是关系到卫星成败的重要问题。初期发射的人造卫星，一般

都用化学电源。但是，卫星因受重量限制，化学电源有限，一旦没有电，卫星就要停止工作。

太阳能是取之不尽，用之不竭的。自1957年10月4日成功地发射人造卫星以来，太阳能电池成为最主要的空间电源，并且得到了迅速的发展。

人们在卫星身上伸出几个贴满太阳能电池片的大翅膀，这些大翅膀就是太阳翼。太阳翼的主要性能指标是重量比功率，即每千克的瓦数，目前世界水平重量比功率达到每千克70瓦，研制的发电能力为85千瓦以上的太阳翼，重量比功率达每千克700瓦。

为了研制输出功率达千瓦以上的轻重量级太阳翼，人们已经提出了几种不同类型的设计方案，其中包括折叠式刚性太阳翼、折叠式半刚性太阳翼、折叠式柔性太阳翼、卷式柔性太阳翼等。

# 通信卫星的发射

卫星通信是一个庞杂的工程，它包括卫星、运载火箭，发射、测控、地面接收等系统。

要将通信卫星送入地球同步轨道，并在轨道上保持精确位置，一般要经历四个阶段：发射、转移轨道、飘移轨道和同步轨道阶段。运载火箭的任务是将卫星送到一个大椭圆的转移轨道上。

地球同步通信卫星的发射，受各大小系统和多种因素的限制，如姿态测量与控制，能源、温度控制等，因此，必须适当地选择太阳、地球和轨道三者之间的相对位置，确定有利的发射时刻，这种最有利的发射时机通常叫作发射窗口。每天有两次发射窗口，每次30分钟至2小时，具体时间随着卫星发射场的位置和轨道而有所不同，对发射时机有严格的要求。为此，要对卫星、运载火箭的地面测试与发射，测控站及有关系统进行组织协调，统一指挥，科学决策，只有这

样才能保质按时地发射出去。

　　在火箭发射过程中比较关键的是三级火箭第二次启动和关机控制，即火箭连同卫星从转移轨道到飘移轨道的变轨控制，以及远地点发动机点火控制。变轨控制能否实施，直接关系到通信卫星发射的成败。

　　为了随时了解卫星在空间的位置和它的工作状况，就要求地面跟踪、遥测、遥控系统高精确、高可靠。要按发射任务设立一定数量的测控台站或测量船。

# 实现全球性电视转播

**到**目前为止，天空已有几千颗人造卫星在环绕着地球运行。它们担负着各种各样的任务，有的收集气象资料，有的探测矿藏资料，有的侦察敌情，这些卫星都必须在运动中完成它们的任务。但是有的任务，如转播电视节目，就要求卫星相对静止在固定的位置上。这是由无线电波的传播特点决定的。

如果在地球的周围均匀地发射三颗卫星：卫星Ⅰ、卫星Ⅱ、卫星Ⅲ，当无线电波直接传到卫星Ⅰ时，由卫星Ⅰ传播出的无线电波不但可以直接传到1/3地面上的A区，而且能传播到卫星Ⅱ和卫星Ⅲ。经过卫星Ⅱ和卫星Ⅲ的转播站，1/3地面的B区和1/3地面的C区都可以直接收到转播来的无线电波。这样一来，地球表面上的任何地方都能接收到同一个发射点发出的无线电波了。全球性的电视节目转播就是这样实现的。

在地面上看起来固定不动的卫星，叫作"同步卫星"。所谓"同步"，就是说它和地球赤道在同一个平面内，和地球在相同的方向上，

地幔

外核

内核

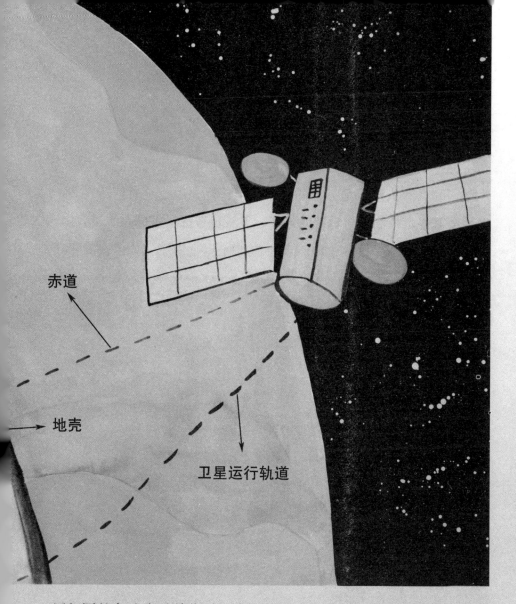

赤道

地壳

卫星运行轨道

用相同的角速度（单位时间内所转过的角度）运动着。这种卫星专门用来做无线电通信和电视节目的转播，所以又叫"通信卫星"。

要使人造卫星相对静止在固定的位置上，从理论上讲并不难，只要让它绕地球转一圈正好用一昼夜的时间，使它的走向和地球的自转方向一样，使它和地心的连线在赤道平面内，这样卫星对地球就是相对不动了。

# 卫星通信的优点

**通**信卫星是应用卫星的一种为地面微波远距离通信的中继转发站，除具有人造卫星一般的分系统设备外，还装有通信转发器、对地姿态稳定控制、对地定向天线、卫星位置保持等分系统设备。

一颗静止卫星可覆盖地球表面约 40% 以上地域。如果在静止轨

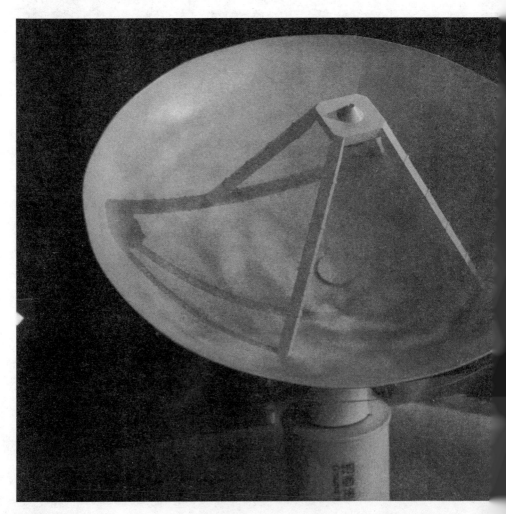

道上以 120 度的经度间隔配置 3 颗卫星，就能达到除两极区外的全球覆盖，从而实现全球无线电通信。

卫星通信的优点很多，概括起来主要是：远、多、好、活、省。

"远"是指它的通信距离远，"站得高，看得远"。

"多"是指它的通信路数多、通信容量大。

"好"是通信质量好，可靠性高。

"活"是指运用灵活，适应性强。

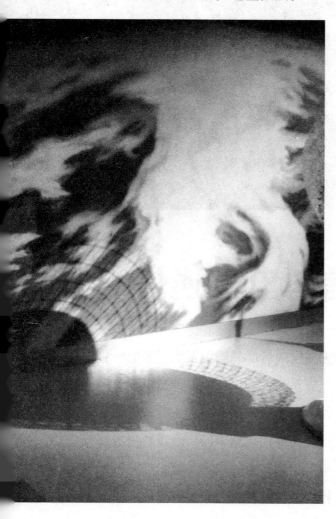

"省"是指卫星通信的成本低，即比生产同样容量、同样距离的其他通信设备（电缆、地面微波系统）所耗费的资金要少。

广播卫星是一种专门用途的通信卫星。以往接收卫星上的电视信号时，都要经过地面站收转，而如今利用广播卫星后，省去了地面站这个环节，用户只需要小口径的天线，就可以直接接收广播卫星传来的电视节目了。

# 微波通信与卫星通信

微波通信是在无线电通信的基础上发展起来的一种新的通信技术。它的容量大、质量高，可以长距离传送电视、电话、电报、照片、数据等各种通信信号，还有投资省、建设快等许多方面的优点，因此，它已成为现代化通信的一个重要组成部分。

微波是一种波长不到一米，有的只有几厘米或几毫米的无线电波，有像光一样的特性。微波可以利用聚光灯的原理，用抛物

面天线把电波集中成波束发射出去，传向远方。但是微波和光一样，方向性虽然很强，如果被山头挡住，远处就收不到信号，只有电波可以直接"照射"到的地方，才能收到信号，因此微波通信有时也叫"视距通信"。为了解决长途通信问题，每隔一定距离就要建立一个微波接力站，接收前方送来的微波信号，加以放大，传送下去，因而微波通信又叫"微波接力通信"或"微波中继通信"。微波通信容量大、质量好，这是它的又一个重要特点。

在微波通信的基础上，随着空间技术的发展，出现了卫星通信的新技术。实际上，卫星通信相当于把一微波接力站上升到高空，使地面上的两个微波地面站可以通过卫星的接力作用实现远距离通信。现在使用的同步卫星，绕地球运转的周期正好和地球自转的周期一样，因此在地面上看起来，卫星像是静止不动的、与地球"同步"。这样的卫星装上必要数量的微波收发信机，便可使很多微波地面站通过卫星的转接而实现相互通信。

# 让通信卫星坐上航天飞机

**航**天飞机是载人飞船技术、运载火箭技术和航空技术综合发展的产物。在航天飞机进入轨道后，利用末级火箭就可以把通信卫星送入地球同步轨道。

用航天飞机发射通信卫星，显然比仅能使用一次的运载火箭优越。这是因为一架航天飞机可以重复使用100次以上，能大幅度地降低发射费用。据估计，它把每千克有效载荷送进同步轨道的代价，只相当于大力神Ⅲ运载火箭的1/6。另外，提高了发射通信卫星的可靠性。用大力神Ⅲ运载火箭发射卫星的平均可靠性仅90%左右，即发射10次就有1次失败；而航天飞机是一种有人控制的空间运输工具，其发射卫星的可靠性可达98%。而且，航天飞机有一个较大的货舱，可容纳较大（最大直径可达4.6米，重可达5吨）的通信卫星，从而放宽了在尺寸和重量上的限制。利用火箭发射通信卫星，卫星功率一直受运载火箭的可用空间所限制。而有了航天飞机，便可安装具有更大功率的可伸展的太阳能电池帆板，通信卫星的功率基本不受限制。此外，还可以利用航天飞机安装大型而复杂的天线系统，因此，今后可以在同步轨道上部署多天线通信卫星。

航天飞机还可以在同步轨道上装配空间通信中心，各种不同用途的天线将按一定的间距分别安装在允许射频穿透的构架周围，执行各种通信任务。它将对未来人类通信产生深远的影响。

# 拥挤不堪的同步
# 卫星轨道

**同**步卫星与普通人造卫星是不同的。普通人造卫星在空中有
无限多个运行轨道，在那无垠的太空中，卫星相撞和相互影响的概
率几乎为零，所以也就不存在轨道拥挤的问题。但是同步卫星可不同，
它位于地球赤道上空约 3.6 万千米的地方，其运行轨道在地球赤道
的平面内。

那么，在同步卫星轨道上，是否可以置放任意多的同步卫星呢？
不行！因为沿赤道平面，围绕地球一周等于 24 小时的同步卫星轨
道上相邻两卫星之间，应有一定距离。根据国际电信联盟规定，使
用 C 波段（3900 ～ 5850 兆赫）进行通信的同步卫星之间应相隔 4
度以上；使用 KU 波段（12 500 ～ 18 000 兆赫）进行通信的卫星，
必须相隔 3 度以上，只有这样才能保证通信时互不干扰。由于围绕
地球一周为 360 度，因此如果以 3 度间隔计算，同步轨道只能容纳
120 颗卫星，如以 4 度间隔计算，则只能容纳 90 颗，而现在同步轨
道上的卫星已超过 100 颗，所以轨道上已十分拥挤。

# 卫星通信
# 地面站

**在**很远处，我们一眼就看见了那高达十几米的碟形天线，直指蔚蓝的天空。这里就是国内卫星通信网络的中央枢纽站——北京卫星通信地面站。

自从 1984 年 4 月以来，中央广播电视系统的彩色电视节目和语言、音乐广播节目，每天都从这里发射到卫星上去，转播到各地。同时，开通了好几个方向的数字电话。根据社会和用户的需要，也可以传输电报、传真以及各种数据，并且可以提供报纸版型的传

真信道，发播标准时间、频率等。

　　通信卫星在 3.6 万千米的太空，是怎样实现通信的呢？从广播电视中心和长途电信局传来的信号，首先通过微波或电缆线路送到地面站的输入终端，经过调制、变频、放大，再经由天线发向同步通信卫星。通信卫星实质上就是高悬在天空中的微波接力站，它像一面镜子，反射着来自地面的微波束，转发给各地面接收站。与此同时，天线将接收到的经由卫星转发下来的信号，输入到地面站的接收系统，经过放大、变频、解调后送入输出终端，再通过电缆或微波线路送到各收信用户。这样就完成了卫星通信的一个过程。

　　卫星通信已成为近年来发展最快、最受欢迎的通信手段。国际上已经建立起"卫星电视会议"系统，有的国家还开办了卫星电视学校。人坐在家里，就可以与千里、万里之外的同行一起会谈，交换批改文件，甚至在远隔重洋的两国间进行"国际象棋对弈"或"电视游泳比赛"。

# 广播卫星

**在** 人造卫星的家族中，广播卫星是在通信卫星的基础上发展起来的，也可把它看成一种专用的通信卫星。广播卫星发射的功率特别强，一般都在 100 瓦以上，而通信卫星转发器的输出功率一般为 5 ～ 10 瓦。因此，用户可以直接接收广播卫星转发的电视节目，不必经过卫星地面站接收、处理，再由电视台播放。所以广播卫星也叫电视直播卫星。

1974 年 5 月，美国发射了世界上最早的实验广播卫星，用来对阿拉斯加等边远地区播放电视节目。

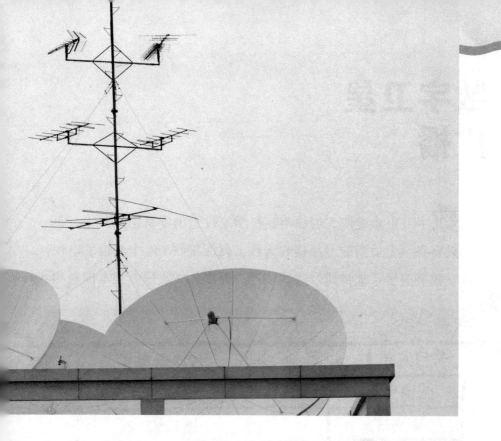

　　卫星直播电视，彻底抛开了卫星地面站、微波中继网和电视转播台，采用普通的家用电视机，可直接接收卫星转发的电视。其方法是，在卫星上装载功率较大的电视发射机，采用大直径的窄波束定向天线，把大大加强了的波束能量集中于既定的服务区域，从而有效地提高了该地区的电波强度，使得普通的家庭用户，采用廉价的接收天线就能收看卫星直接转发的电视节目。每个电视用户只要在屋顶安装一个直径约为1米的抛物面天线，一直对准卫星即可。这个天线将收到的微波信号会聚到焦点，然后再经过特殊的管状电路，传送给变频器，再经变频、放大和解调后，输入电视机。

# 数字卫星
# 广播

**数**字卫星系统使人们领略到科学家设想的丰富信息技术。每个人只要有一个适当的卫星接收天线，就能接收 150 个频道的电视节目。数字卫星系统将通过这些频道，提供各种娱乐、文本信息和

| 所有分类 | |
|---|---|
| 节目选单 | 节目信息 |
| 国语电影 | 请检索 |
| 喜剧片 | 请检索 |
| 动作片 | 请检索 |
| 恐怖片 | |
| 爱情片 | |
| 科幻片 | |
| 评分最高 | |
| 电视剧 | |
| 热门影片 | |

教育节目服务。这个系统基本上是从现在流行的卫星接收器演化而来的。观众无须加入任何有线系统网或者将电视机对任何地面电视发射台调谐，就可以接收到中继卫星传来的信号。新的数字卫星系统的接收天线很小，直径只有46厘米，价格也较低。

数字卫星系统扩大了节目容量，使其能够除了播放通常的有线电视节目外，还能提供全新的服务，其中一项是"空中视频商店"。这套系统能够播放电影，而且在好几个频道同时播出一部电影，但开始时间不同。在屏幕上可以调出选择单,这个节目单是按照喜剧片、动作片、恐怖片等分类的。然后，观众可以用遥控器确认选择的种类与理想的播放时间。通过电话线路把这个订单传送到中心站，中心站将通过电话线路再向电视机传回适当的数字指令，使观众选择的节目能按时出现在屏幕上。

直接卫星传输是否将最终取代有线电视尚难预料，因为这个新系统也存在缺陷。一是它不适用于所有地区，比如在偏远地区需要优质的接收设备才能看到清晰图像。二是一些电视网为了保护下属机构的利益，将不参加该系统的节目播放。

# 气象卫星

　　**在**人造地球卫星的家族中，气象卫星也是为人类做出重要贡献的一员。在地球表面约有 80% 的地区不便于人们直接进行气象观测。气象卫星视野广阔，能昼夜巡视，而且数据汇集迅速，从而有效地弥补了常规气象观测的不足。

　　施放气象卫星的主要目的，是探测高层大气的结构和成分；探测宇宙线、太阳辐射与太阳的微粒发射在高层大气中的性质和作用以及电离圈的情况；观测高层大气中地球磁场的情况；从高空向下观测云雨风暴等情况……

宇宙线、太阳辐射与太阳微粒是影响高层大气和低层大气的重要因素。大气的温度、成分、运动、水汽分布以及最低的10千米以下的大气内天气的变化，都与它们有关。高层大气是宇宙线、太阳辐射和太阳微粒喷射进入地球的门户，知道了它们在高层大气中的性质和作用，就可以知道高层大气是怎样影响低空的天气变化的，这就有利于进一步探索天气变化的规律，能更准确地预报天气。

天气变化往往从云的变化表现出来，人造气象卫星飞在地球大气内一切云层的上面，它可以由上向下探测很大范围的云况，并把它们拍出照来，这就弥补了从地面观测云的缺陷，再与地面观测结合更有利于天气预报。

54

# 卫星云图可以预报传染病

**美**国宇航局与医学专家联手开创一个领域，即利用卫星云图预报疾病，主要是传染病，并建立一个卫星保健与航天航空相关的技术中心。

用卫星云图预报疾病的理论基础是地貌流行病学。病原体及携带者一般生活在可以鉴定的环境中，借助卫星、飞机或高空气球拍摄下高分辨率的图像，记录下反射光的特性，以此与已有的传染病资料相结合可预报某一地区发生特定传染病的可能性，其正确率接近80%。该中心对莱姆病、霍乱、黑热病进行了深入的研究，取得了一定的成果。

莱姆病最主要的传播者是蜱。研究表明，绿色植物较多的住宅区居民发病率较高。医学专家可据此通过数据库找到某些人群的准确位置，并利用该数据模型得出发病的危险程度。

霍乱属国际检疫传染病，美国马里兰生物技术研究所专家用空间技术对霍乱发病规律进行长时间的研究。他们对1992—1995年的资料进行研究，发现孟加拉霍乱的流行与孟加拉湾的水温、水位密切相关。尤其是水温，水温上升发病率随之上升，只是发病时间推迟一周左右。水位下降，海水溯流而上波及范围小，发病率也低。

有关研究人员认为，这是一项涉及多学科的工作，现在处于起步阶段，应积极鼓励医学专家利用这一技术。

# 太空天气的预报

**万**物生长靠太阳，阳光是地球上一切生命的源泉。但太阳有时也会"发脾气"，成为令人头痛的灾星。

仰望太空，并非空无一物，而是一个充满了等离子体、能量极高的宇宙线粒子、辐射带粒子、各种波段电磁辐射等的空间，这一切都源于太阳。太阳是一个能量输出不断变化的天体，在可见光波段虽比较稳定，但在其他波段，特别是紫外线和 X 射线，其输出可有数量级的变化。有时，太阳会在一秒钟内把百万吨的带电物质高速抛向地球，这就引起了地球上空的太阳风、磁层、电离层和热层状况的强烈扰动。太空天气的多变，给地球造成了许多灾难。

地球上许多自然灾害也可能与太空天气有关，人类许多高科技领域的发展正面临着来自太空天气变化的严重威胁。

太空天气学，就是研究和预报太空灾害性天气变化的规律，避免或减轻太空灾害性天气可能给人类造成的巨大损害和严重威胁。

我国是个空间大国，可以预料，只要不懈地努力，明天太空天气的灾害预报，也会像今天预报寒潮和台风一样准确，为人类做出新的贡献。

# 卫星发来臭氧图

**在**距离地面 20～25 千米的范围，有一层臭氧层。臭氧层是人类和其他生物的保护伞。因为太阳在给予地球光和热的同时，也射来了大量足以杀死一切生物的紫外线，幸亏臭氧层具有吸收庞大数量紫外线辐射的本领，成了一把擎天大伞，抵挡住了大量紫外线辐射，才使地球上的生物免遭杀身之祸。当这顶保护伞被戳破之后，到达地球表面的紫外线数量就会大大增加，强烈的紫外线可使人们

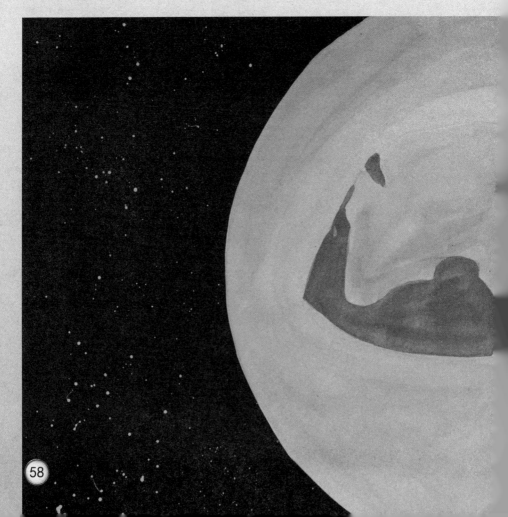

皮肤癌、白内障等疾病的发生率增加，使农作物减产，影响幼苗生长，对整个地球生态环境造成严重的影响。

据科学家观测，自1979年起，南极上空春季臭氧浓度大幅度下降，出现臭氧层"空洞"……

那么，究竟是谁把人类的保护伞戳破了呢？这得归罪于人类自己。近些年来，全世界的汽车每年排出的2

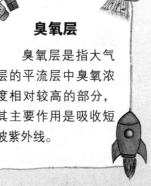

### 臭氧层

臭氧层是指大气层的平流层中臭氧浓度相对较高的部分，其主要作用是吸收短波紫外线。

亿多吨一氧化碳、5000万吨碳氢化合物，以及同温层上飞行的现代化大型喷气飞机排放出来的大量一氧化氮、二氧化氮，特别是近几十年来广泛使用的氟利昂，消耗了臭氧层的大量臭氧，破坏了臭氧层。

随时掌握地球大气层里臭氧分布的详细情况，是非常必要的。卫星可以向地面送回地球大气层里臭氧分布的详细图像。科学家认为，这些图将为预报地球上的气候变化提供新的资料。

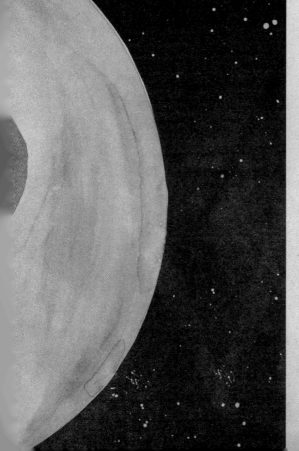

# 地球资源卫星

**在**南美洲北部有一条世界上流域面积最广、水量最大的亚马孙河，全长 6400 千米，流域面积 705 万平方千米。其中森林密布、野兽出没的地区就有 500 万平方千米。若用人工对这一区域进行勘测，估计需上千人工作百年以上。

1972 年 7 月 23 日，美国发射了世界上第一颗地球资源卫星——"陆地卫星–1"号。它很快就测出亚马孙河流域的地形、土壤、植被、森林、地质、矿藏……甚至还发现了一条过去不知道的、长几百千米的亚马孙河支流。

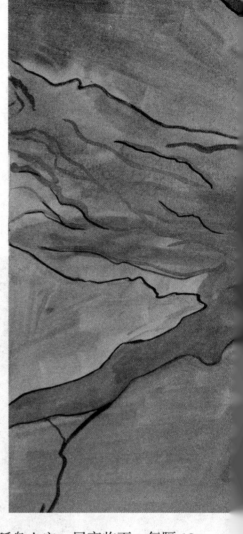

地球资源卫星每天能绕地球飞行 14 圈。它能够飞越高山峡谷，俯视荒漠旷野，到达冰川极地以及湖海孤岛上空，居高临下，每隔 18 天送回一套全球的图像和数据。它由于配备了"多光谱扫描仪"这副"千里眼"，对地表和地表以下一定深度内的物质状况具有独特的"洞察"能力。

现在应用资源卫星，可以在 18 天内扫描全球一遍，测绘的情况大大改善。以往测绘一幅需要 10 年时间才能完成的地图，现在用卫

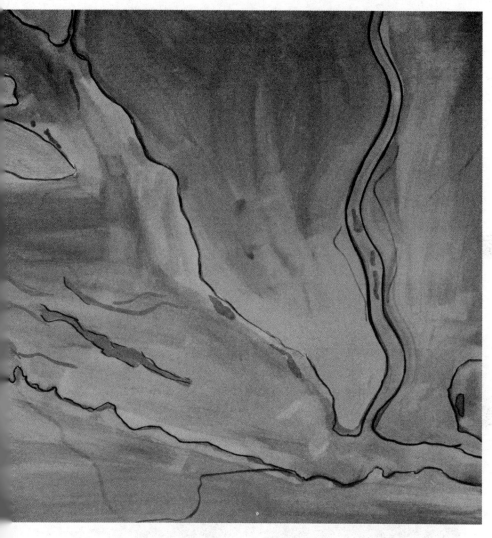

星只要 10 多分钟就可完成。

　　世界各地每年发生森林火灾多达 20 万起，损失资源约 1‰，近年来用卫星进行探测，预防火灾十分有效，甚至对树下有人吸烟这样的火源都能测出。为了扑灭和控制森林火灾，科研人员又从卫星图片上研究辨识雷暴雨，研究人工降雨，用以防火、灭火，保护森林资源。

# 预警卫星

**在**数万千米的高空，预警卫星是怎样准确无误地发现洲际导弹的呢？这要从导弹是怎样暴露自己的谈起。

导弹发射都是用火箭发动机推进的，由于它用的燃料燃烧温度高达 36 000℃～37 000℃，因而能辐射出强烈的红外线。预警卫星就是用一种能探测红外线的"感觉器官"来发现洲际导弹的。

预警卫星观察洲际导弹并不能像人眼看东西那样看到导弹的实体，而只能看到导弹发动机喷出的尾焰。它的检测设

备，专门能看波长为 2.7 微米的红外线。导弹垂直起飞时，导弹以及地球上一切物体辐射的 2.7 微米红外波全被大气吸收了，这时预警卫星什么都看不见。可是导弹一飞出大气层，预警卫星就会迅速感觉到导弹的红外辐射，"报告"有导弹发射了。

导弹飞出大气层后，由于失去了大气压力，尾端的体积迅速膨胀，形成一条长 1.5 千米的明亮光带。针对这一情况，人们在预警卫星上还加装了一台电视摄像机。当卫星上的红外检测元件发现导弹发射时，电视摄像机也就发现了导弹尾焰显现的亮点。红外检测元件和电视摄像机这样互相佐证，不仅减少了虚警，还提高了情报的可靠性。

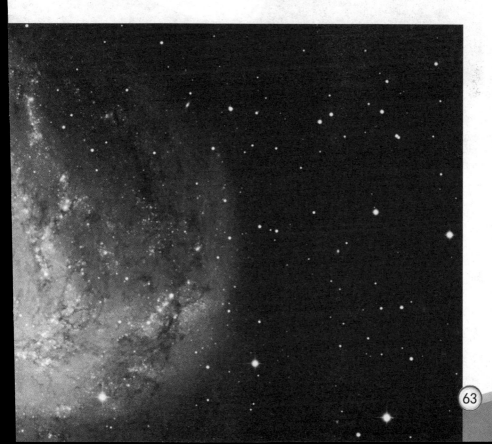

# 雷达卫星

**海**湾战争中，美国"长曲棍球"雷达成像卫星表现出非凡的"眼力"，全天候、全天时撩开了伊拉克军事目标的"面纱"，使其塑料飞机、模型导弹原形毕露。

雷达卫星上的"火眼金睛"是由雷达测高计、雷达散射计和合成孔径雷达组成的。它们和地面上使用的雷达相似，是通过无线电波测定目标位置和有关参数的，可不受地域、天气条件的限制，能

在各种天气条件下昼夜对地面大范围地区长期探测、监视和侦察，获得时效性强的信息。

雷达测高计主要用于大地测量和海洋观测，可测量卫星对海面的平均高度，从而获得地球的基本形状、扁率和重力场分布等参数。美国"长曲棍球"雷达卫星就采用微波技术，通过计算机对伊拉克伪装目标的散射特性进行了分析。

值得一提的是雷达卫星可观测海底地貌的起伏和发现潜水艇。

正是因为雷达卫星有这么多优点，所以受到世界航天大国的"宠爱"。

# 军事星

**美**国于 1995 年 11 月 6 日发射第 2 颗价值连城的"军事星"通信卫星，从而完成第一代"军事星"星座的建立。它开辟了军事通信卫星的新纪元，是未来战争的生命线。

美国原计划花 20 年时间，研制 10 颗"军事星"卫星。然而，随着苏联的解体和冷战的结束，以前陈兵欧洲一线的局面转变到以美国本土为基地，至少要有 25% 的兵力应具有全球应急的能力。

因此，目前战术通信卫星的需求日益扩大，它所要求通信的范围由军、师级扩展到战区内各级指挥员以至士兵。

根据上述情况，美国对"军事星"计划进行了"大手术"，把卫星总数由 10 颗减为 6 颗。这 6 颗星分为两代，1994 年和 1995 年发射的两颗是第一代"军事星"。后 4 颗"军事星"属于第二代。

"军事星"采用了许多当代最先进的抗核加固、抗干扰、防窃听等技术，它包括极高频通信技术、自适应

天线调零技术、扩展频谱跳谱技术、星上信号处理技术、轨道机动技术和星上核能源技术等，所以能满足各军兵种在任何情况下的通信需要。

但第一代"军事星"的造价太高，数据传输速率极低，只适用于传输简单的重要命令，而不能满足大容量战术通信的要求，不能向飞机传送复杂的作战命令。

第二代"军事星"将增装中速数据率有效载荷，通信容量比第一代"军事星"大100倍，还提高了轨道机动能力。它可用于战术作战部队、飞机和舰艇等。

# 海洋卫星

**神**秘的海洋世界，被硕大无比的海水体积遮盖，使人们无法观赏海底的奇观。古往今来，许多人想方设法描绘海底世界，乘坐各种调查船去探测海底的秘密，但是都很难观看到无垠的大海全貌。

遥感技术的发展，给人类带来了希望。科学家利用卫星从太空上传输回来的海水深度的数据，绘制了海底地貌图。它不是海底地势的粗略描绘，而是精确地把海底的真实面目再现在我们面前。

为了监测世界海洋水域，科学家发射了海洋科学实验卫星。在卫星上，装载着能测量海浪、海流、海风、水质等要素的遥感传感器，其中有一个雷达测高计，能在离地面8000多千米的高空测量海平面高度。这个传感器精度很高，测量误差仅有10厘米左右。

我们将卫星测得的海面高度数按照地理坐标位置排布，经计算机处理数据，绘制出一张世界海洋海底地貌图。

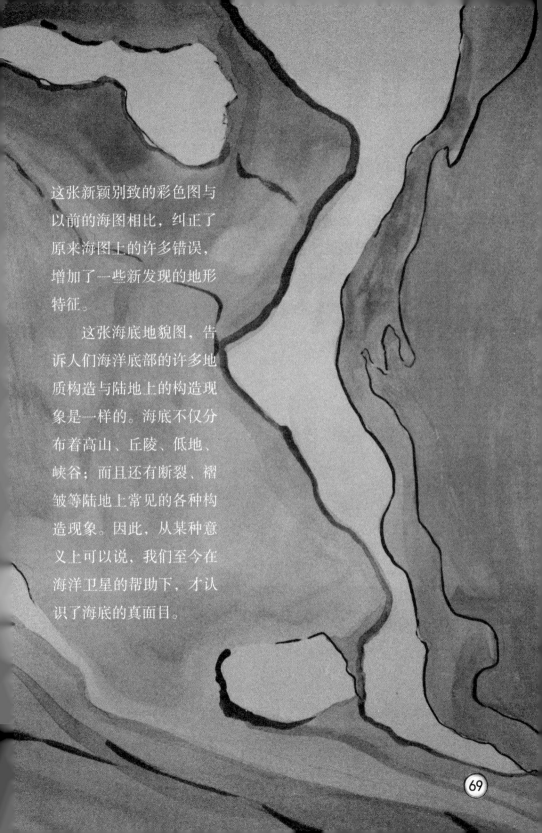

这张新颖别致的彩色图与以前的海图相比，纠正了原来海图上的许多错误，增加了一些新发现的地形特征。

这张海底地貌图，告诉人们海洋底部的许多地质构造与陆地上的构造现象是一样的。海底不仅分布着高山、丘陵、低地、峡谷；而且还有断裂、褶皱等陆地上常见的各种构造现象。因此，从某种意义上可以说，我们至今在海洋卫星的帮助下，才认识了海底的真面目。

# 海事卫星

迄今，世界上所使用的营救手段，主要是飞机和地面站，它们接收飞机、舰船上应急定位信标机发出的呼救信号，随即组织营救。随着航天技术的发展，人们自然会想到利用卫星进行搜索营救的可能性。营救卫星系统主要由卫星和地面站两部分组成。卫星部分包括2～3米直径的接收天线和数据处理设备。卫星采用近圆形

的极地轨道，轨道平面经过地球的南极和北极地区，轨道高度为800～1000千米。地球是从西向东自转的，所以一颗卫星每12小时就能覆盖全球一遍。一旦它"监听"到飞机、舰船发出的呼救信号（频率为121.5兆赫、243兆赫、406兆赫），立即转发给地面接收站，如果卫星不在地面站接收范围上空，它可把信号记录在磁带上，待飞经地面站上空时再转发下来。

国际海事卫星组织于1979年7月宣告成立，总部设在伦敦，我国也是成员国之一。国际海事卫星组织的第一代海事卫星通信系统的目标是：凡是在南、北纬75度线之间海域内航行的船员，都能进行24小时的连续通信；自动迅速地与国内或国际通信网接通，使船只能同岸上的任何地点直接打电话、发电报、传真和传输数据；有专用的应急通信线路，船只遇险时，一按电钮就能发出呼救信号；能向航行中的船只播送气象预报、海流情况和导航数据等资料。

# 红外天文卫星

美国和荷兰共同研制的红外天文卫星，是一种新颖的天文观测卫星。

红外天文卫星第一次为星星的出生与死亡的地点绘制出清晰的星图，成为进一步揭开宇宙奥秘的有力武器。

这颗卫星重约500千克，1983年1月25日发射，进入900千米高空的极间轨道。正像利用其他航天器或地面望远镜进行探测后绘制出天空无线电波图、可见光图及X射线图一样，红外天文卫星的任务是对天空进行扫描，从而绘出一幅"红外天空图"。

红外天文卫星上的望远镜系统及其他仪器设备，上天以后都必须在超低温环境下进行操作，所以，望远镜的镜头不能用玻璃而只能用铍来制成。铍是轻金属的第2名，轻元素的第4名，它能适应各种温度的变化。从正常室温下把铍磨成镜片直至在–265℃那样的超低温条件下进行工作，铍的性能仍能保持稳定。

从1983年4月到7月，红外天文卫星至少发现了5颗新彗星。第一颗彗星1983d后来也分别被日本和英国的天文爱好者找到，根据发现者的先后顺序，它被命名为"RAS（红外天文卫星）—荒木—阿尔柯克彗星"。

# 火车避撞卫星

**火**车是人们常见的一种交通工具，距今已有 180 多年的历史了。在世界各地，火车相撞事故仍时有发生，往往会造成重大人员伤亡。

那么，能不能想方设法杜绝呢？对此，世界上有不少国家进行

了研究，找出的办法是，利用同步卫星，使火车避撞。这种卫星便称为"火车避撞卫星"。

根据美国宇航局和铁路部门联合研制的第一个"火车避撞卫星"的初步设计方案，这个卫星的总重约 1300 千克，天线直径 12.81 米，卫星总功率 500 瓦，和地球运转速度同步。这组同步卫星共有 3 个，等距离设置在环球上空，专门传递两列对开火车，或是一列并行中的火车和一列铁道上的地面机械之间的距离信息。

这组卫星装有接收机，接收地面火车发来的特定密码无线电信号。每列火车上或使用的铁轨旁的地面设施上，也都装有一台微型信标机和一台指令接收机。微型信标机专门向卫星发射地面位置坐标的无线电信息。

除了每列火车上装设此种指令接收器外，凡在火车轨道上作业的设备上也可加装信标机和指令接收器各一台，一旦奔驰中的火车和地面某铁道上的设备的距离进入了危险的范围后，也同样可使司机室里的警铃报警。

# 明察秋毫的遥感卫星

曾经在我国黑龙江省北部发生了一场罕见的森林火灾。那时每天晚上的电视屏幕上，在全国范围的天气预报之后，便展现出一幅火情的报告图，它便是遥感技术的产物。

那么，遥感装置是怎样监测火情的呢？原来地球上的每种物体都向外辐射红外线，只不过非常微弱而已，而装在千里之外的卫星上的高精尖红外遥感仪器，却能把这种微弱的红外信号感测出来，从而区别不同的物体，对于有无火灾的森林，其辐射红外线的强度差别很大，就更易区别，故能准确地把火情的范围感测出来并拍成照片，然后卫星将照片的信息变成电信号，用无线电及时地发射到地面，卫星地面站的工作人员，借助于无线电接收机、电子计算机等仪器将信号接收、判读并绘制成和卫星照片一样的火情报告图。一颗卫星一天可绕地球十

几圈，一张卫星遥感照片可拍摄地球上长和宽都为185千米大的地区，其精度可在几米之内，可将小轿车和吉普车区别开来。人们通过两天之间同一地区两张照片的差别，便可反映灾区火情的变化和发展趋势。今天的遥感技术，已使潜入海底的核潜艇、埋伏在密林中的坦克群、隐蔽在农作物中的害虫等都逃不脱它的眼睛，真是明察秋毫。

# 卫星上的超级计算机

  一个通信卫星能把大量信息从英国送到美国，然后再由美国送到英国，却不能做信息分选。如果用它观测地球表面，那么它一个星期观测到的全部信息，存在磁带上，足够装满一间房子，人们

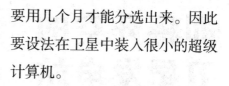

要用几个月才能分选出来。因此要设法在卫星中装入很小的超级计算机。

英国一家公司为欧洲航天局表演了一种技术。它在卫星中装了 4 片新研制的芯片计算机，组成一台超级计算机。每个芯片只有 16.39 立方厘米，体积相当小，最重要的一点是：芯片计算机能抗宇宙射线的辐射。

芯片超级计算机将和克雷型超级计算机功能同样强大，但成本只有它的 1%。把它装在通信卫星上，可以提高国际通话效率，迅速做出海洋气象预报图。在许多新的科技领域中，如探索火星奥秘，超级计算机更是不可缺少的。

### 宇宙射线

宇宙射线，指的是来自宇宙中的一种具有相当大能量的带电粒子流。

# 即将升空的
# 卫星发电站

太阳能是一种取之不尽，用之不竭，不会造成任何污染的最洁净的能源。在科学技术发展日新月异的今天，人类不单单是直接利用太阳的热能，更重要的是把它转变成电能来使用。

太阳能电池发展很快，用途也越来越多，特别是那些供电十分困难的地方，像偏僻的山区、牧场、无人气象站和海岛，更是它的用武之地。澳大利亚建成了世界上最长的一条太阳能供电的电话线，给周围一些人家带来了方便。美国俄亥俄州有一家靠太阳能供电的广播电台，广播覆盖范围是 80 千米，拥有 25 万听众。

1968 年，美国格拉泽博士首先提出了"太阳能动力卫星"的设想，就是把一个安装着太阳能发电装置的卫星发射到宇宙空间，由它把

太阳能转变成电能。然后用微波或激光再把它们发的电送到地面接收站，由地面站把电输送给用户。

　　宇宙发电卫星也可以供给宇宙基地或通信广播卫星等需要的电力。现在的卫星安装着发电用的太阳能电池板和太阳翼，但是，如果宇宙发电获得成功，就不需要安装太阳能电池板和太阳翼了，可以大大降低卫星造价和发射费用。

　　如果能够向地球上送电，就可以不使用电线，向没有电力的沙漠、山区和孤岛供应电力。

# 由卫星充任
# "交通警察"

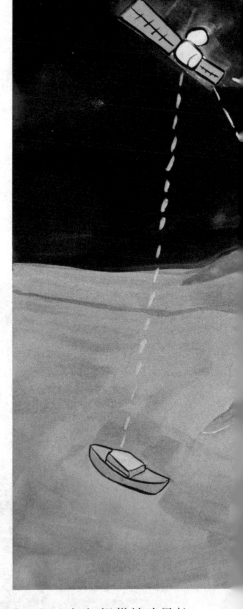

**汽**车沿路行驶，司机有一幅城区的地图，熟练的司机甚至可以把地图记在心里。船长凭着海图，机长凭着地面无线电导航，这些延续了多少年的老方法，给陆、海、空交通工具带来许多方便。但有时也有因司机、船长、机长迷路而耗费精力，甚至发生事故的事情。如今新一代的导航系统，为人们带来了极大的方便和安全，这就是卫星定位系统。

纷繁复杂的交通问题，一直困扰着许多大城市。然而一个新的交通管理网络将为改善大中城市的交通问题带来希望。这就是如今令人瞩目的全球卫星导航系统。

卫星定位系统在发明之初，主要是为飞机和舰艇提供精确导航信息，这个系统由 16 颗卫星组成，这些卫星通过连续发出的无线电脉冲信号播出它们的位置信号。全球定位系统接收器就利用这些信号来确定自身的位置。从理论上讲，一个接收器若能同时收到 3 颗卫星发出的信号，即可算出自己的坐标，它一般用于舰艇导航。如

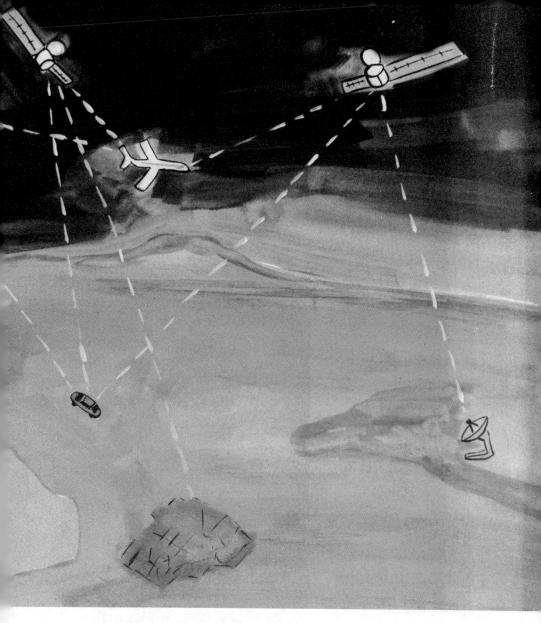

果能收到 4 颗卫星的信号，就可以确定一个三维空间的目标，适用于飞机的导航。拥有卫星导航接收器的车船可在一天 24 小时里随时知道他们在地球上的准确位置。

倘若广泛使用卫星导航系统，将使公路得到更好的利用，可能提高 30% 道路利用效果，这将节省大量的土地和筑路费用。

# 卫星当中的
# 小不点儿

**制**造和发射一颗卫星是一件费钱又费时的事。一颗与一辆家用汽车的大小和重量相等的卫星，设计和制造通常至少要花 5 年时间，费用达 2.5 亿英镑。但从 1979 年以来，英国萨里大学的科学家已经把 10 颗小卫星发射到近地轨道上去了。每颗卫星的重量只有几十千克，费用不到 200 万英镑，从设计、制造到发射大体上要用一年时间。迄今，这些卫星已经进入轨道进行了一些小型实验。

由于常规火箭发动机是为取得极高水平的功能而设计的，因此很昂贵。适合小型卫星用的常规发动机用肼作燃料，这是一种爆炸性的氮氢化合物，含有剧毒。每一台发动机必须安装上几个昂贵的阀门以防止泄漏，处理肼的

人必须穿上带有生命支持系统的保护服，以防万一。肼具有的潜在爆炸性使得负责初始飞行任务的人感到紧张。

　　另一个问题是内装火箭发动机使飞行任务复杂化了。每次发射的时间以及火箭所处的位置和方向都必须在每次"燃烧"之前和之后仔细加以监测。萨里卫星技术有限公司不使用长时间的燃烧，将采用一系列短时间的燃烧来弥补其发动机较差的功能。每次燃烧之后，就测量一下方位，如果有偏差就加以纠正。缺点是一系列短时间的燃烧用的燃料比一次长时间的燃烧要多。

# 卫星上的原子能电站

**原**子能电站是一个庞然大物，它在地面上重量上万吨，体积上亿立方米，怎么能装到一颗小小的卫星上去呢？现在，就让我们看看卫星上的原子能电站，究竟是怎样减轻重量和缩小体积的。

在小小的卫星上面，原子能电站首先在发电方式上进行了根本性突破，采用"热能→电能"的直接发电方式。一般卫星上采用的太阳能电池，是利用"光电元件"，与太阳能电池基本相同，所不同的是它利用的是"热电元件"。这种元件体积很小，重量又轻，不需要通过任何设备，就能将原子核反应堆释放出的巨大能量直接转换成电能。

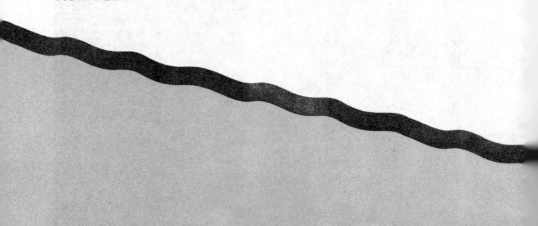

接下来，卫星上的原子核反应堆也进行了重大改革。卫星被制成了两个部分，装有原子核反应堆的那一部分，另外配备一套火箭发动机。当卫星完成了预定的任务后，地面上发出"命令"，载有原子核反应堆的那一部分立刻

脱离开来，火箭把它推进到 1000 千米以上的高轨道上去，在那里，反应堆的裂变产物早就衰变光了。所以，再掉到地球上来，也"太平无事"了。

宇宙原子能电站还有一项措施，是采用了高浓缩铀，这使卫星携带的核燃料大大减轻了。铀的提炼是一件相当复杂的过程，代价又十分高昂，所以地面上的原子能电站，使用的铀浓度是受一定限制的。搬到卫星上去，重量和体积成了主要矛盾，所以代价再高，提炼再困难，也要尽力提炼它。

# 开发宇宙原子能电站的意义

**时**至今日，太阳能电池在宇宙卫星上的使用效果已经比较理想，为什么还要开发宇宙原子能电站呢？

在围绕地球运转的宇宙卫星中，有一些是通信、气象等高轨道同步卫星。这种卫星体积小、重量轻，便于发射。但是它们所装载的太阳能电池，在限制体积和重量的条件下，所提供的功率就相当有限。如果要提高功率，就必须大大地增加太阳能电池的体积或面积。

人类将普遍使用一种大规模的直播电视广播卫星，世界上无论哪个角落的电视机，都能从它那里收到图像清晰的节目，它所需要的强

有力的电源，就要靠宇宙原子能电站来供应。

人类未来的星际航行，更是少不了宇宙原子能电站。因为在远离太阳系的广漠空间，宇宙飞行器接收到的太阳能将等于零，根本不能利用。即使在太阳系以内，也会因为距离越来越远而失去利用的价值。

用核动力的潜水艇更有优越性。海面下没有氧气，普通潜艇潜到了水里就只能依靠蓄电池作为动力来源，不能再升动内燃机，因为内燃机要消耗大量氧气。蓄电池储存的电能十分有限，潜艇不得

不经常浮在水面重新充电。原子反应堆是不需要氧气的，核潜艇可以潜伏在海洋深处航行，一连几个小时不用浮到海面上来，成为名副其实的"潜水艇"。

# 卫星的回收

**1975** 年 11 月 26 日，我国成功发射了第 4 颗卫星，这是一颗"返回型遥感卫星"。从那时起，我国多次成功地回收了"返回型遥感卫星"。继苏联和美国之后，我国是世界上第三个掌握回收卫星技术的国家。

卫星的回收一般是指卫星上的回收舱的回收，是通过地面中心控制站的遥控来完成的。当人造卫星运行到轨道的最低点时，地面工作人员通过遥控装置点燃连接卫星与回收舱之间的爆炸螺栓。螺栓被炸断后，卫星与回收舱分离。紧接着由地面站发出信号，启动反推火箭，迫使回收舱的运行速度逐渐减慢，最终脱离轨道，重返大气层。

这时，回收舱的运行速度大约是地面音速的 25 倍。在速度和高度都急剧变化时，人是无法通过制导系统对回收舱进行控制的。所以，能否保证回收舱落到预定区域，几乎完全取决于对它重返大气层的

轨道的计算。当降至2000米以下的低空时，回收舱会自动抛弃防护罩，打开阻力伞和降落伞，徐徐降落。

卫星的回收主要采用海上与陆地两种形式，也有用飞机在空中回收的。当回收舱徐徐降落时，参加回收工作的船只、车辆或飞机等都在预定区域巡逻。地面站不断地将回收舱的位置通知巡逻人员。回收舱降落后，地面站立即发出信号，让人们尽快找到它。

# "百慕大三角"之谜

**美**国佛罗里达半岛南端，到波多黎各岛和百慕大群岛的"百慕大三角"海区，人们称它"魔鬼大三角"。因为曾有许多船只和飞机在这里遇难、失踪。

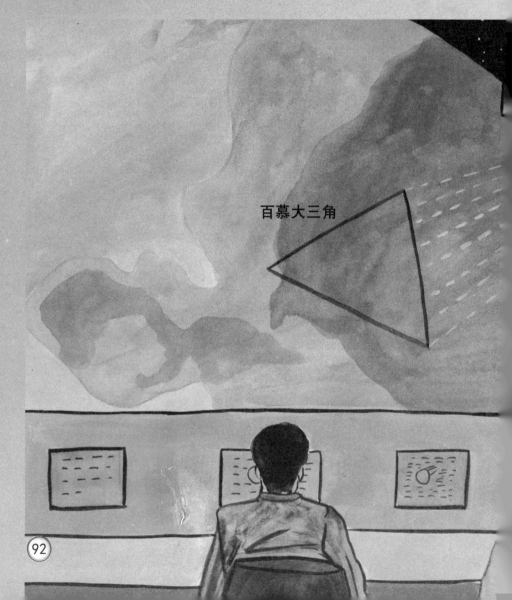

百慕大三角

20世纪90年代初，由美国、苏联和法国科学家组成的调查"百慕大三角"之谜的小组宣布，他们利用在太空运行的人造卫星进行的最新侦察，揭开了"百慕大三角"地带使途经该海域和海域上空的舰船及飞机失踪之谜。根据激光扫描的照片发现，在这个素有"魔鬼三角"地带有一个威力无穷的旋涡，能把海面舰船、九霄云空的飞机卷入深不可测的海底。这个巨大旋涡出现时虽历时3秒，但其

威力无穷，令人难以置信。它的吸引力之强，与月球影响地球潮汐的万有引力相比毫不逊色。阿科尔博士指出，在大西洋寻找这个巨大旋涡，仿佛大海捞针，因这个巨大旋涡出现时，飘忽不定，难以测摸。这也是前人未能解释"百慕大三角"之谜的主要原因。

科学家的新发现主要有：巨型湍流旋涡的力度，比任何飓风威力都强，任何大地震或火山爆发的威力，无法与之相比。它的力度之强，可以影响月球上的天气，这相当于月球影响地球的潮汐涨退。突如其来的巨大旋涡出现时，海面上的舰船和天空的飞机都会被卷入海底。

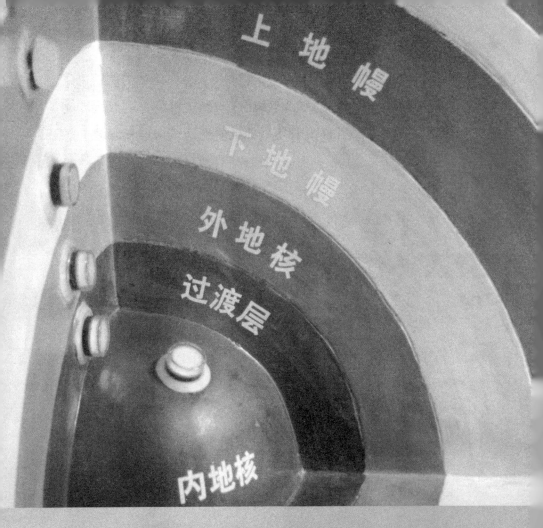

上地幔

下地幔

外地核

过渡层

内地核

# 卫星在地震预报中的作用

绝大多数地震发生在地球的地壳和地幔上部边缘70千米以内，特别集中在地下 5～20 千米深处。

现代地震科学发现，在地震孕育的各个阶段，地球内部和表面在震区部位将发生一些可能采集的物理信息变化，如地电、地磁的数量变化等。特别是地震孕育的最后阶段，震区内部岩石发生强烈裂变，同时在地球表面和大气层中也有电磁异常现象出现。如震区在震前电场产生的激变，使地球表面发生大尺度的脉冲电流，这种脉冲电流能被卫星上的遥测仪器检测、收集，并及时传输到地面接收站进行综合评价、分析，继而利用数学模型制作预报。美国宇航局发射的"地球物理观测卫星－6"号，上面就安装了遥测地磁仪器，它能连续准确记录地球电磁场的微小变化。通过实验证明，这种仪器可以及时采集地震前震区部位的低频率波段的地震前兆信息——电磁脉冲。

地震前，可以听到由远及近、由近而远，像打雷一样的轰鸣声；也可以看见从地下突然发出来的红、白、黄、橙、绿和蓝色发白的多种颜色的地光，有的如带状，有的像焰火。这些都可以通过卫星观测到。利用卫星采集地震前兆信息，制作地震预报精度较高，时效较长。这种新型的地震预报方法，正在地震学家的努力下逐渐完善，由科研阶段转向实用阶段，地震预报体系也会由此发生巨大改观。

# 神通广大的空间农艺师

**目**前地球资源卫星遥感技术已应用于农业，如普查气候和土地资源、编制土壤利用改良图、调查农作物生长发育情况和预报产量、监视和预报各种农业气象灾害等，为人类科学管理农业创造了方便条件，所以人们又将卫星遥感技术称为"空间的农艺师"。

在调查自然资源，编制土壤利用图这方面，卫星遥感技术能提供快速而准确的技术资料。

在农业生产中，经常发生各种自然灾害。据统计，全世界每年因自然灾害造成的损失，占农业总产值的15%～20%。但是利用卫星图片分析资料可以严密监视各种气象灾害和病虫害的发生。在预报旱涝灾害方面，可以比常规预报方法提前5天；预报台风、寒潮等，可以提前3天。特别是对即将

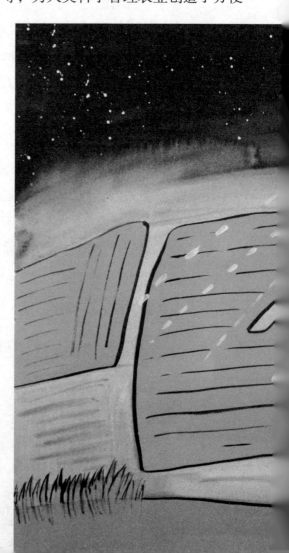

发生的毁灭性病虫害，卫星的近红外光谱带的图片能提供明显的预兆，以便提前采取防治措施。

利用卫星技术可较准确地掌握世界各国的农作物生产及产量的情况，为制订农产品消费和贮藏计划、销售的价格以及对外贸易政策等，提供重要依据。

另外，卫星技术在指导科学种田，发挥农业措施的经济效益，如研究各地农田的光照、热量、水分，合理安排种植计划，适时进行田间管理等方面，都能获得良好的效果。

# 帮助农民"精确耕作"

**今**天，美国的一些农民已经开始在耕作过程中，借助卫星系统和电脑技术，让农业迈入"精确耕作"时代，人们把这种耕作技术统称为"精确农业耕作技术"。

种田人都知道，施肥可以使耕田增加地力，合理播种可以获得理想的丰收。不过，有多少人知道自己耕地中的哪一块田该施多少肥，哪一块地该播多少种子呢？甚至知道哪一条垄该施多少肥，哪一条垄该播多少种子呢？这就是"精确农业耕作技术"要解决的问题。这种技术由人造卫星、全球卫星定位系统接收器和相应的农业机械组成。

人造卫星将地球上的所有土地按照20平方米或30平方米划分成块，然后将这些信息输入电脑。农民只要在自己的拖拉机上安装一台电脑和一架卫星信号接收器，就可以在任何时候从电子显示屏幕上找到所在土地的具体位置。农民从所有地块上都取出土壤样品，再将过去这块土地上的收成情况提供出来，电脑就会将所有这些资料都记录下来。

在进行播种和施肥的时候，农业机械上的卫星信号接收器随时记录下耕作的具体地点，电脑随时将这块土地的土质和收成情况，通知农业机械上的自动控制装置，农业机械便可以随时调整播种量和施肥量了。

因此，依靠电脑自动控制装置，在同一条垄上播不同数量的种子和施用不同数量的肥料，也就成了轻而易举的事了。

# 第三章
# 载人航天

**俄**罗斯"航天之父"齐奥尔科夫斯基曾说:"地球是人类的摇篮,但是人们绝不会永远躺在这个摇篮里,而会不断探索新的天地和空间。人类首先将小心翼翼地穿过大气层,然后再去征服整个太阳系。"

# 人类到太空去的
# 重重困难

**由**于太空中没有空气，所以人类就不可能在太空中维持生命。

我们面临的困难还有：在太空中，所有的东西都会失重。宇宙飞船在太空中产生失重现象时，使人感到非常难受，无法站稳。宇宙飞船上的一切东西都必须牢牢地固定住，否则就会飘浮起来，人也必须把自己牢牢地固定住，或用自动弹压机推回到自己的座位上。这时甚至连吃饭也成了一件相当困难的事情，食物都要由喂食机填塞到人的嘴里去。

但是，对于宇航员来说，最危险的莫过于宇宙飞船发射离开地面和降落返回地面的时刻了。宇宙飞船发射时突然的加速度产生巨大的震动，宇宙飞船快速冲向天空，几秒钟后就达到每小时4000多千米的速度。当宇宙飞船的速度越来越大时，飞船上的宇航员就被重重地推回到自己的座位上，好像有巨大的重力把他压

下去一样，使他不能动弹，就是连呼吸也感到痛苦。他们血液冲向头部，耳朵也嗡嗡地响。所有的宇航员都必须经受得住加速推进的冲击，并且能在加速推进中理智地控制自己。这就是需要对宇航员进行精心严格训练的原因之一。

宇宙飞船返回降落的时候是另一个极为危险的时刻。

倘若宇航员不能顺利地降落，那么，他将遭受到比加速推进时更大的痛苦。如果他降落的速度太快，宇宙飞船就会与地面相撞而被摧毁。

# 缓慢而平稳地返回地面

**宇**宙飞船上带有一些小火箭。在返回时，宇宙飞船就向相反方向发射这些小火箭。这些火箭燃烧时产生的力量会使宇宙飞船下降的速度放慢。随后，它全部的降落伞便张开，拉着正在降落的宇宙飞船，这样，它降落的速度就越来越慢，最后轻轻地降落到地球表面上。在一般的情况下，宇宙飞船都是溅落在海面上，并且可以

很容易地被人们找到。

宇宙飞船降落时，必须准确地沿着指定的路线。如果它垂直地急剧下降，下降的速度就会太快，小火箭的力量和降落伞都无法阻止它的速度。这样它就有可能会在大气层中被烧毁，或者可能坠毁在地面上。要是它不垂直下降，就会出现另一种危险，即不但不能返回地面，相反，有可能会重新游离到太空中去，我们也许永远也无法再找到它了。

现在，已经有几千颗不同类型的卫星在环绕地球运转，它们一方面服务于人类，另一方面还在继续探索宇宙中尚未被人类揭示的秘密。

# 载人航天过三关

**1999** 年 11 月 20 日清晨 6 点半，"神舟一号"载人航天试验飞船，在中国西部酒泉卫星发射中心发射升空。"神舟一号"绕地球飞行 14 周后，于 21 日在内蒙古自治区中部地区成功着陆。

载人航天是人类驾驶和乘坐载人航天器在太空中从事各种探测、研究、试验、生产和军事应用的往返飞行活动。根据飞行和工作方式的不同，载人航天器可分为载人飞船、载人空间站和航天飞机三类。载人飞船按乘坐人数分为单人式飞船和多人式飞船，按运行范围分为卫星式载人飞船和登月载人飞船。载人空间站又称为轨道站或航天站，可供多名宇航员居住和工作。航天飞机既可作为载人飞船和空间站进行载人航天活动，又是一种可以重复使用的运载器。

人上太空要闯三关。

　　一是要上得去。载人航天器远比人造卫星重得多，没有推力巨大的运载火箭，是不能把它们送上地球轨道的。

　　二是要活得好。载人飞船虽由无人航天器（如卫星）发展而来，除保留原有各种分系统（结构、温控、电源、推进等）外，还增加了为人服务的环境控制和生命保障系统、居住系统、报话通信系统、仪表和照明系统等。

　　三是要下得来。安全返回是载人航天器最后一关，也是最困难的一关。除要把返回过程中的制动过载限制在人们能耐受的范围内以外，返回舱还要能经受住由大气摩擦产生的上千度的热量而不致损坏。

# 第三代宇宙飞船的"盔甲"

**美**国的"哥伦比亚号"载人宇宙飞船，1981 年首次飞行中，发生了部分绝热砖脱落事件，震惊了整个世界。

"哥伦比亚号"用的硅砖，重量轻、耐热冲击性强，也可以在陆地上用于汽轮机的外壳上。一部分用金属制成的绝热材料，一般是用在以液体氢为燃料飞机的燃料箱上。

载人宇宙飞船沿轨道运行时的防热系统，是最引人注目的。过去在飞船船体周围，贴敷着具有高潜热的特殊消融除热材料。在船体表面温度高达 1260℃的部分，用的是强化碳质材料。在 1260℃到 371℃范围内部分用的是硅砖。在 371℃以下的货舱门或主翼上面用的是诺曼克斯制成的绝热材料，并用彩色加以区别。

硅砖是把高纯度硅纤维用黏结剂进行加固，再在 1000℃以上的高温下，经过热处理后制成的。使用时把它切割成一定的形状，加上特殊的玻璃涂层，再经一次热处理加工即可。

美国宇航局也曾经打算使用脆性陶瓷来制造飞船的外壳。目前已成功地开发了在硅砖里掺入少量硼纤维以提高拉伸强度的耐热复合材料。但是，在"哥伦比亚号"飞船飞行时，没有来得及使用。

# 防止飞船失火

**自**1981年航天飞机开始遨游太空以来，航天飞机上曾发生多起"起火"事件。这些火是由电器装置短路或电子元件过热酿成的。

地面起火和太空起火燃烧的方式是不同的，这是由于重力的差别造成的。太空飞船及其内部物体在轨道中几乎是处于零重力状态，因此对流的气体无法流动，扩散的热气能够形成球面。火焰几乎是无色的，仅仅有由于火焰中的化学反应而产生的一点淡蓝色光。

在太空中检查和发现火情绝不是一项容易的事情。问题的一部分在于缺少火在零重力状态下燃烧的第一手数据。美国宇航员只在太空中进行了 10 次有目的地在飞船中点火的实验。

然而，这些实验表明，没有任何一种检测器能够识别所有材料中的火情。欧洲航天局火灾研究站的物理学家马丁·希普认为，未来的检测系统也将需要热和光的传感器，而且可能需要一种以上的传感器才能检测出烟雾。

对付在微重力状态下的起火要比科学家最初设想的更复杂。最早进行的实验表明，太空中起火的可能性和猛烈程度要比地球上小。

# 圆了千年飞天梦

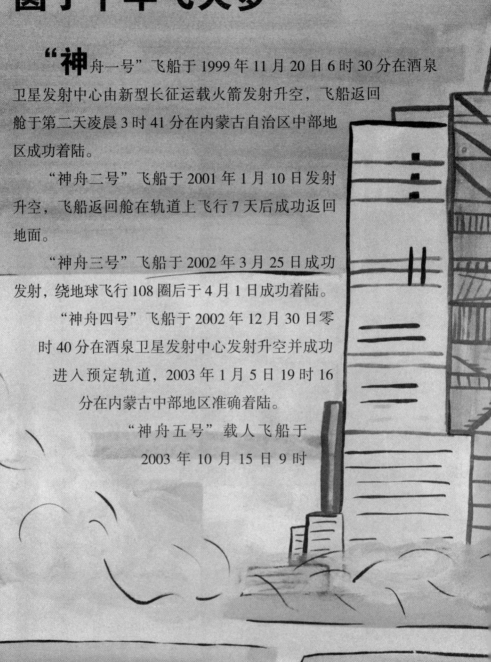

"**神**舟一号"飞船于 1999 年 11 月 20 日 6 时 30 分在酒泉卫星发射中心由新型长征运载火箭发射升空，飞船返回舱于第二天凌晨 3 时 41 分在内蒙古自治区中部地区成功着陆。

"神舟二号"飞船于 2001 年 1 月 10 日发射升空，飞船返回舱在轨道上飞行 7 天后成功返回地面。

"神舟三号"飞船于 2002 年 3 月 25 日成功发射，绕地球飞行 108 圈后于 4 月 1 日成功着陆。

"神舟四号"飞船于 2002 年 12 月 30 日零时 40 分在酒泉卫星发射中心发射升空并成功进入预定轨道，2003 年 1 月 5 日 19 时 16 分在内蒙古中部地区准确着陆。

"神舟五号"载人飞船于 2003 年 10 月 15 日 9 时

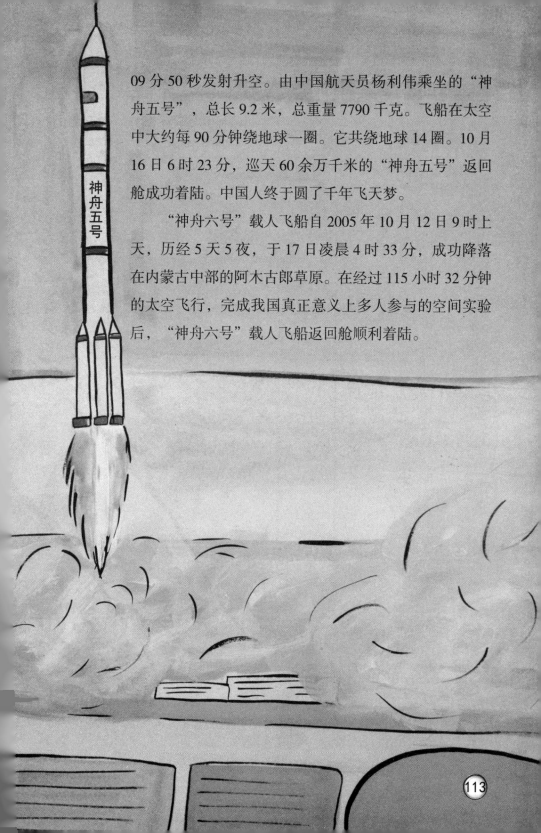

09分50秒发射升空。由中国航天员杨利伟乘坐的"神舟五号"，总长9.2米，总重量7790千克。飞船在太空中大约每90分钟绕地球一圈。它共绕地球14圈。10月16日6时23分，巡天60余万千米的"神舟五号"返回舱成功着陆。中国人终于圆了千年飞天梦。

"神舟六号"载人飞船自2005年10月12日9时上天，历经5天5夜，于17日凌晨4时33分，成功降落在内蒙古中部的阿木古郎草原。在经过115小时32分钟的太空飞行，完成我国真正意义上多人参与的空间实验后，"神舟六号"载人飞船返回舱顺利着陆。

# "神七"问天

"神舟七号"载人飞船是乘坐"长征二号"F型火箭上天的。"长征二号"F型火箭全长58.3米，起飞重量479.8吨。与发射"神舟六号"的那枚火箭相比，用于这次发射的火箭有36项技术改动，可靠性指标从原来的0.97提升到0.997，乘坐的舒适性也得到了进一步改善。

"神舟七号"载人飞船于2008年9月25日21时10分发射成功，共飞行2天20小时27分钟，绕地球飞行45圈，于28日17时37分安全着陆。

"神舟七号"的正确入轨、正常运行，出舱活动圆满、安全、健康返回，是我国首次突破航天员出舱行走技术，也是我国载人航天工程三步走战略第二步第一阶段最核心、最关键技术的四项重大突破。

一是航天员进行了出舱活动飞行试验，突破了出舱技术。为此，专门研制了出舱用的气闸舱。

二是首次亮相的舱外航天服。太空是呈真空状态，太阳粒子、大量的辐射、宇宙射线等恶劣的空间环境会对航天员的健康和安全构成威胁。舱外航天服壳体有压力防护、载荷支撑、密封等功能，是名副其实的航天员生命"盔甲"。

三是中继链路试验。在"神舟七号"飞船推进舱前段安装有中继终端设备，进行"神舟七号"与"天链一号"中继卫星间的中继链路试验。

四是"神舟七号"释放一颗伴飞小卫星。小卫星在飞船轨道舱周围进行绕飞，以便能更好地观测飞船。

# 登月前奏曲

早在 1961 年 5 月 25 日，美国就宣布要送人到月球，并且要平安返回家园，从而开始实施宏伟的"阿波罗"工程。

"阿波罗"飞船由指挥舱、服务舱和登月舱组成。在发射前，指挥舱、服务舱和登月舱按顺序安装在"土星 –5"号火箭顶部，最上面还要装上"逃逸塔"，也叫"救星塔"。逃逸塔装有三台固体火箭发动机，还有保护指挥舱的防热罩。如果在发射过程中出现紧急情况，它的两台发动机可使指挥舱与服务舱分离，并与指挥舱一起飞向大海。然后由第三台发动机抛弃逃逸塔，打开降落伞，使指挥舱在海面安全溅落。如果不发生意外，逃逸塔在飞行到 70 ~ 80 千米的高度时被抛掉。

谁有幸第一次驾驶"阿波罗"登月飞船呢？他们是阿姆斯特朗、奥尔德林和柯林斯。他们三人都是飞行员，都有妻子和孩子，都曾驾驶过"双子星座"飞船进入太空。

濒临大西洋的卡纳维拉尔角，是凡尔纳曾在他的科学幻想小说中预言的去月球的出发地，被称为"地球的大门"。首次登月飞行果真要从这里起程。火箭发射早在 1969 年 7 月 10 日就进入倒计时准备阶段了。在等待起飞的日子，时间以小时、分、秒计算着。

# 登上了月球

**1969** 年 7 月 16 日，在地面中心控制室里，可以听见清晰、洪亮和紧迫的数数声：10、9、8、7、6、5、4、3、2、1，发射！顷刻间，只见洁白的"土星 –5"号火箭推动"阿波罗 –11"号飞船，沐浴着阳光离开了发射架，开始了人类第一次登月航行。

在奔月途中，约在起飞 3 小时以后，飞船开始进行改装。到飞船开始接近月球时，服务舱中的主要发动机点火，使飞船减速进入环月椭圆轨道。9 月 20 日，指令长阿姆斯特朗和登月舱驾驶员奥尔德林在这里进入登月舱，与由柯林斯驾驶的母船分离，并靠着陆发动机制动进入椭圆下降轨道，然后关车。当飞船处于这条轨道的近月点时，大约离月球表面高度为 15 千米，与着陆点距离为 480 千米，再次启动着陆发动机，最后以每秒 0.9 米的速度接近月球。

登月舱内蓝灯闪亮，着陆脚上长170厘米的探杆终于触到了月面。阿姆斯特朗极其兴奋地向地球报告说："休斯敦，这里是'静海'，'鹰号'已平安着陆。"

这个以沉默寡言闻名的人，平常心跳只有77次，由于过分激动，此刻心跳骤然上升到了156次。当走下扶梯时，他说："对个人来说，这只是一小步，但对人类来说，它却是一大步。"

# 他们到了嫦娥
# 居住的地方

**1969** 年 7 月 20 日，美国宇航员第一次登上月球，从此人类便看清了它的真面目。令人失望的是那里没有仙山琼阁，没有桂树和玉兔，更不存在嫦娥和吴刚。原来，月亮不过是地球的一个卫星，体积为地球的 1/4，离我们 38 万多千米，上面覆盖着一层岩石和尘埃，既没有水，也没有空气，生物在那里是无法生存的。

1971 年 7 月 26 日，美国著名宇航员詹姆斯·欧文和其他两名

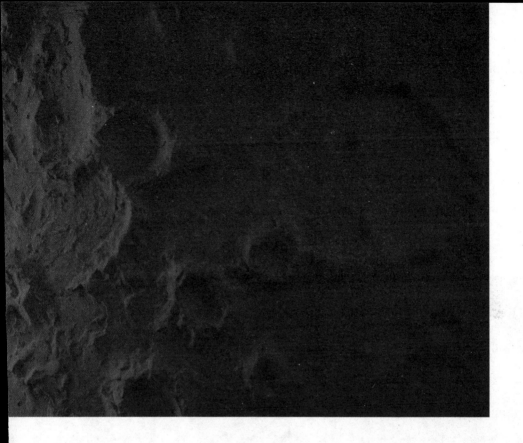

宇航员一起，驾驶"阿波罗-15"号宇宙飞船在月球上登陆，并拍摄了人类踏上月球的影片。

月球上没有风雨，没有生命，没有声音，一切都像是静止的，即使是山的影子，也看不出明显的变化。由于月球自转速度慢，月球上的昼夜大约相当于地球上的27天，所以在月球上工作几小时，抬头看着太阳，太阳好像还在老地方没动。

站在月球上遥望人类居住的地方——地球是个什么样子呢？欧文说："站在荒原般的月球上，在一片死寂中，望着我们的地球，地球像挂在漆黑的宇宙中，一只蓝白相间的水晶球，大约有4个月亮那样大，其中蓝的是海，白的是云，它是那么美丽……当我们返航的时候，它已成了漆黑天幕上的一抹浅蓝，就如一弯放大了的新月。"

# 登月也不是
# 一帆风顺的

**1969** 年 7 月 20 日，"阿波罗 –11"号宇宙飞船的登月舱在月球着陆。两位宇航员第一次在月球上留下了人类的足迹。当他

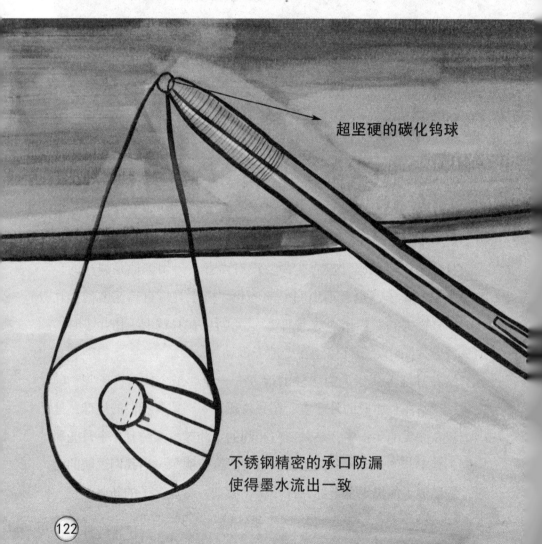

超坚硬的碳化钨球

不锈钢精密的承口防漏
使得墨水流出一致

们回到登月舱，准备乘坐它的"上升段"重新进入月球轨道时，一位宇航员背着的"生命保障系统"外壳竟把"上升段"喷气推进器启动开关的塑料旋柄撞断了。倘若登月舱"上升段"无法启动，宇航员将会永远留在月球上。

由于没有携带任何修理工具，损坏的启动开关无法修复。宇航员连忙用无线电话向地面的控制中心报告这一情况。科学家立即动手在模拟的登月舱上寻找办法。一位科学家突然想起每个登月宇航员身上都带着一支特别的圆珠笔，这种新型圆珠笔内的油墨经密封加压，可以在失重、真空或 −50℃～40℃ 的干气温条件下使用。这种笔由硬合金制成，异常坚固。这位科学家心想，也许可以利用这支太空笔代替已损坏的塑料旋柄去启动开关。于是，他在模拟器上反复试验，证明这个方法简单灵验。控制中心马上把这个消息通知月球上的宇航员。于是，就在 21 日 13 时 54 分，宇航员如法炮制，启动开关的电路果真在瞬时接通，点火一举成功，"上升段"在喷气推进器强大气流的推动下，缓缓飞离月面。于是，才促成了登月的胜利返航。

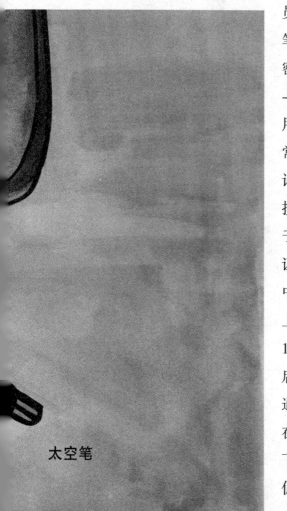

太空笔

# 登上月球趣事多

**人**们登上月球实地观察后，发现真正的月球不是人们想象的那样美丽。整个月面是一个凸凹不平的荒凉世界，平坦的月面上是一层厚厚的约有20厘米的尘土。由于尘土都是松散的粉状，一踏上去，便自然会留下足迹。

由于没有大气层的保温作用，在月球表面，中午温度高达127℃，半夜时温度却降到-183℃，在月球上看天空没有颜色，黑夜看星星特别亮，但从不闪烁，因为闪烁是光通过大气造成的。最使人陶醉的是，晚间在月球上看地球在宇宙天空发光，简直像到了人间仙境一样。

曾有人推测，习惯于地球重力下生活的人，可能适应不了这种低重力环境。实际上在月球低重力环境下，人的一切生理功能是比较正常的。人在月球上行动很有意思，宇航员虽然身上穿着笨重的宇航服，背上背着一个大包，但是，觉得比在地球上轻松多了，似

　乎觉不出有什么负荷，轻飘飘的很舒服，大踏步地走来走去，完成各种科学考察工作，并不觉得特别疲劳。宇航员们觉得，有负荷走路反而能使步伐变得正常，行走时感觉到似乎失去质量中心似的，走了两三步才感觉到下面有脚。行走时像袋鼠那样跳跃式前进更为方便，迅速有力，速度比在地球上快得多。

# 登月旅游
# 与人体变化

**美**国设计的旅游航天飞机，共有 74 个座位，6 个是机组人员的工作座位，客席为 68 个。机组驾驶舱和航天客舱分隔开，航天客舱的设计已考虑了普通乘客的安全、健康和生活舒适的问题。客舱分上下两层，有扶梯相通。内部温度、湿度、气压等可以调节得和地面一样。如果不出客舱，可以不穿航天服。但若登月，则要穿上航天服才能出去。

登月飞行，必须有一段失重经历。失重时肌肉、骨头等的负荷减轻，血液静压为零，会出现头晕无力、无空间感等现象，这便是所谓的"航天病"，类似于大海航行中的晕船。另一个是上升时，血液集中到上半身，会出现"红视"现象，眼睛充血，眼前一片红色。而下降时，血液集中到下半身，头部血液减少，两眼发黑，出现"黑视"现象。

在航天旅途中，人体会缩小。据测量，人在太空中和在地球上相比，体积要缩小 2.5 ～ 6.9 升，体重平均下降 4 ～ 6 千克。即使回到地球，体积也不会一下子恢复过来，约两天后会慢慢膨胀到接近原状。在月球旅游一次，血液中的红细胞要下降 15%，血液容量减少 10% 左右，血钙水平下降 5%，心脏泵血力量也会下降。回到地球后要 28 天左右，人体才能完全恢复正常，但一般在 2 ～ 3 天，会基本恢复到 90% 的程度。

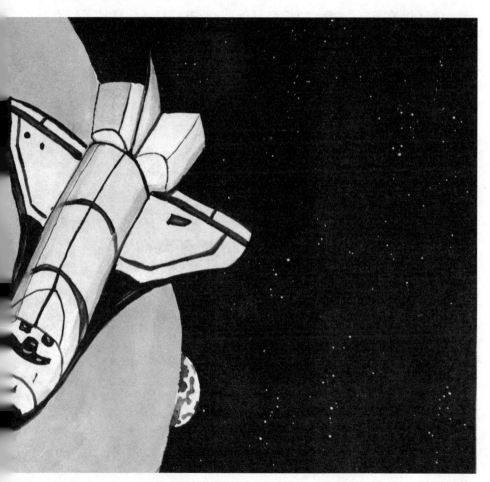

# 苏联人错过了
# 登月时机

**1957** 年首次敲开外层空间大门的苏联人为什么没有登上月球？早在美国实施"阿波罗"登月计划以前，苏联头号宇航设计师柯罗列夫就在秘密酝酿登月计划。

1961年美国公布"阿波罗"登月计划，给苏联科学家增加了压力。

在柯罗列夫必须加快"HI"号火箭的研究步伐时，他却缺少火箭的关键部分——发动机。当时能胜任发动机设计的只有格鲁什科领导的设计局。遗憾的是两位科学家对火箭发动机发展方向的看法不一致。

格鲁什科建议用氟、硝酸等有毒化学物质做燃料，取代当时使用的煤油和液态氧，而柯罗列夫则认为使用氢氧混合燃料更加可靠。

1966年，柯罗列夫不幸逝世。接替他的科学院院士米申坚持了他的设计思想，但时间紧迫，米申不得不省去一些必要的发动机点火试验。

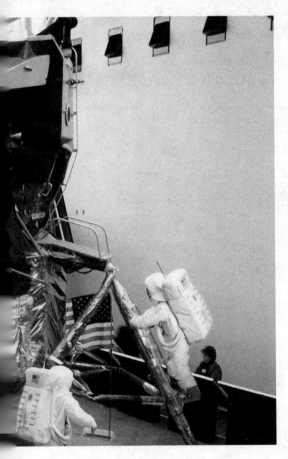

1969年2月21日、1970年7月2日和1971年7月27日，科学家先后三次对有效负载95吨的"HI"号巨型火箭进行了发射试验，结果均遭失败。在1972年11月23日进行的第四次试验中，"HI"号火箭飞行了107秒。

新型火箭的研究在格鲁什科的领导下从开头到十几年后获得巨大成功，孕育出苏联"暴风雨号"航天飞机和"能源号"巨型火箭。但是，对于柯罗列夫第一代科学家为之奋斗十多年的登月计划来说，却失去了最宝贵的东西——时间。

# "嫦娥"奔月

嫦娥三号成功登

千百年来，人类一直梦想飞上天空，特别想到月球上去做客。

2007年10月24日18时05分，"长征三号"甲运载火箭托举着"嫦娥一号"卫星顺利升空。

26日9时41分，中国国家航天局正式公布"嫦娥一号"卫星传回并制作完成的第一幅月面图像。

从"嫦娥一号"起飞，到第一张清晰、高质量的月图"亮相"，中国首次月球探测经过了扣人心弦的33天。

33天的时间，中国首颗探月卫星以近乎完美的方式迈出了"准时发射，准确入轨，精密测控，精确变轨，成功绕月，成功探测"的关键六步，精确、顺畅程度令世界瞩目。

据估计，月球土壤含有100万～500万吨氦-3，有巨大的开发

利用前景。若把氦-3作为可控核聚变燃料，它将是人类社会长期、稳定、安全、清洁和廉价的燃料资源。

预计以后，氦-3将成为人类的主要能源，并能让我们的子孙后代使用几万年！

# 月球的年龄

**300** 多年来，经过天文学家的辛勤探测研究和近期载人宇宙飞船多次登月进行科学考察，已查明月球几乎是一个没有水的世界。月球上空看不到色彩绚丽的霞光，天空是一团漆黑。它和万物生长、生气勃勃的地球相比，完全是一个万籁静寂的不毛之地。如果你在月球上欣赏人类的家园——地球，要比在地球上看到的满月大 14 倍！它没有月亮那样的升落规律，一直高悬在空中。

可是，倘若有人问起我们：月球有多大年龄了？我们该怎么回答呢？

经过科学工作者的分析研究，我们地球的年龄约 46 亿岁，那么，月球呢？1969年 7 月 21 日，当宇航员带着月球上的岩石和土壤返回地面后，科学家对这些月岩和月壤进行了分析研究。现在，月球的年龄可

以揭晓了。

原来，月球岩石和地球岩石一样，都含有放射性钾，这种放射性钾，能够缓慢地衰变成氩。因此，只要知道某一岩石中，放射性钾已衰变出多少氩，人们就可以推算出那块岩石的年龄了。

宇航员不仅发现月球上最年轻的岩石，仅 300 万岁，而且还发现月岩中有块号称最古老的岩石，据地质学家分析，它可能是月球形成时的残存岩石，已有 46 亿年的高龄了。

由此推断，月球和地球的年龄大致相同，真是老伙伴了。

# 关于月球上水的争论

**美**国"克莱门汀"无人驾驶飞船首次在月球南极发现冰湖，这个消息给航天界梦想重返月球的人士带来了极大的希望。科学家认为，月球上的冰可以给未来的宇航员提供水、氧气和火箭燃料，给人类长期居留月球的梦想带来了可行性。

冰湖并非纯冰，而是细微的冰晶与月球尘土的混合物。科学家认为，历史上曾经有一颗彗星撞击月球，彗星所含的大部分水蒸气分散于宇宙中，小部分积聚到终年黑暗、温度接近绝对零度的陨石坑底部，形成了冰湖。

"克莱门汀"飞船进入月球轨道之后，用机载雷达绘制了月球表面的精确地图，其中包括月球暗面的地形，飞船发出的无线电波经月球反射回地面后，由地面天线接收。由于岩石、土壤和冰等不同物质的反射波不同，科学家用几个月时间分析反射波，认为月球上存在上述冰湖。

专家说，在36亿年以前，曾有一颗彗星撞击月球南半球，造成一个巨大陨石坑，彗星尾部带有的水分就留在了坑底。由于月球的南半球永远背着太阳，坑底温度低达 –230℃左右，所以水分一直没有蒸发。

专家说，如果能证实这一判断正确，那么将有助于人类到月球探险，或以月球为跳板，对其他星球进行探测。这对人类进行更深入的太空研究具有重大的意义。

# 月球上的"月震云"

气象与地震的关系，是一个古老而又年轻的课题。地震发生的可能性，除了与降雨有关外，还与风、霾、云、雷、雪等有关，特别是与"异常热"和"大气浑浊"现象有十分密切的关系。

地球上存在"地震云"，月球上有没有"地震云"或"月震云"呢？1983年9月1日，美国报道，在月球上发现了"月震云"！观察月球的科学家通过长期的观测，在月球上有时能突然看到奇异的光。这些光显示着几种不同的形式：有时它们是一些很快消失的突然的闪光；有时这些光很明亮，发光的时间能持续半小时以上。这些闪光或明亮的光，有时甚至显示红色或粉红色爆炸。

英国威尔斯博士说，这些光是从月球表层下面跑出来的气体所产生的，气体引起月球表面的尘埃上升，并且形成云，它捕获太阳光而引起发光。他相信，这种气体是当月球轨道接近地球时被释放的。他注意到当月球离地球最近时，奇异光就会产生。英国科学家认为地球吸引月球，就会引起月震和月球表面的活动，从而引起气体的上逸，形成我们所称的"月震云"。

"阿波罗-15"号发现了大量的氡气围绕着月球的阿里斯托奎火山口，天文学家在这个火山口已经看到了大量的奇异光。

# 向月球要电能

**早**在 1968 年，美国科学家格拉泽博士就已提出了从宇宙获得太阳能的设想。从此以后，各国科学家对此进行了更深入细致的研究。所谓宇宙发电，就是利用卫星发电或利用建造在月球上的发电站将太阳能转换为电力并传送到地球上。

月球输电是指在月球上建立一个无人的太阳能发电基地。以日本科学技术厅航空宇宙技术研究所为核心组成的研究小组拟订的一项计划说，要在宇宙基地进行太阳发电试验，计划用巨大的镜子把阳光集中在一起，通过斯特林发动机和热电子元件构成的系统把太阳热转换为电力。

从月球太阳能发电基地所得的电能将以激光的形式传输给地球，再由地球上的设施将激光能转换为电能的一种形式。这种输电方法一旦获得成功，地球上原来难以获得电力的深山老林、荒漠孤岛，甚至飞行中的飞机或卫星、飞船都可较容易地获得电能。

美国、俄罗斯也利用航天飞机和宇宙飞船进行宇宙发电试验，并验证宇宙发电的可行性。

# 人类将开发月球

**月**球是我们的邻居，是人类的一笔巨大财富，开发月球的时代即将到来。

自 1959 年 1 月，苏联的"月球 –1"号探测器飞临月球以来，已经发射 60 多个月球探测器，获得大量有关月球表面、月质结构等方面的资料。

"阿波罗"飞船登月带回来的月岩和月壤样品中，发现 60 种矿物，其中有 6 种是地球上没有的。地球上所有的化学元素，在月岩和月壤中都相继找到了，但是没有找到生命物质。

尽管月球是一个连简单生命也没有的荒凉世界，但它拥有大量的铁块状矿石，除含铁外，还含镍和钴。月岩和月壤中还含有铅、钛、锰等金属及放射性元素钠和钍等。火成岩是提取铝、硅、氧的良好原料，而氧对发展空间科技来说是至关重要的，建造空间工厂所需的原料大部分可以从月球取得。

月球上的岩石有一半是氧的化合态，核能可以把这些物质分解，从中提取氧，最后以液氧形式运回地球，液氧可成为航天器的主要燃料，像航天飞机那么大的一艘飞船可运回20吨液化氧。

月球上的环境虽然对人的生存是可怕的，但它是生产某些材料的理想环境。如生产过程需要的真空、无菌和极度低温，生产工业钻石、药物和有些精密仪器就需要这种环境。在月球上发射航天器可以比在地球上发射节约许多燃料。

# 欧洲人计划登月

**从** 1969 年 7 月 20 日，美国"阿波罗 –11"号首次成功地在月球上着陆，两名宇航员登上了月球，到 1972 年 12 月"阿波罗 –17"号实现了第 6 次登月飞行，至今已 40 多年了。

据德新社报道，在美国人登月 30 年后，欧洲航天专家也在为

他们的首次登月活动做准备，设计了重350千克，装满了科学家实验设施的"Smart-1"结构舱。

　　负责登月计划的欧洲航天局科学家贝尔纳·富万指出，再也不能排除向月球移民和使其工业化的可能性了。月球能减轻载人飞船登上火星的难度。月球对于想象力丰富者和对科学家一样具有强烈的吸引力，因此出现了像富万领导的400人月球探索者协会这样的组织。他们为了人类的利益，促进月球探索。他们认为月球应成为人类探索太阳系的下一个目标。

　　想搞月球之旅的美国月球公司的戴维·风普说："一旦私人公司将第一批宇航员送入太空，那么大家就清楚地看到，太空不再是美国宇航局、欧洲航天局或其他航天局的天下了。"休斯敦研究月球和行星的专家迈克尔·杜克说："我们的月球非常适合试验用来探索水星、火星和小行星的技术。"

　　在不久的将来，包括"Smart-1"登月在内，将有3个登月计划。此外，日本还有2次登月计划。

# 考察月球的身世

一个多世纪以来，科学家相继提出了许多月球成因的假说，总体说来有分裂说、俘获说、同源说和碰撞说四大类。

提出分裂说的科学家认为，地球和月球原本是一个行星。当它还处于熔融状态时，由于星体高速地自转，行星从赤道带上甩出了一大块物质，月球就是由这块物质形成的。

俘获说的提出者认为，地球和月球诞生在同一块太阳星云里，月球诞生以后，起初独自绕太阳公转。后来由于天体的碰撞或其他原因，它走近地球，被地球的引力抓住俘获，于是就变成了地球的卫星。

地月同源说的学者认为，月球和地球是一对孪生兄弟，是双双相伴而在同一块星云中诞生的。不过，同胞兄弟应十分相像，它们的成分却差异很大，又如何解释呢？

主张碰撞的学者认为，在地球形成后不久，一个来自太阳系内部的像火星那样大的天体，以

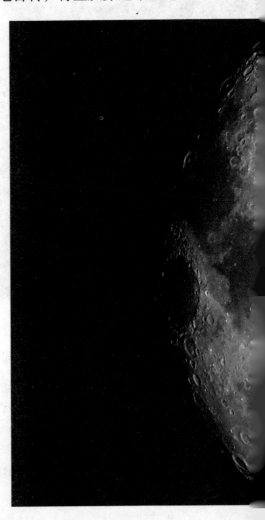

每秒 11 千米呈斜角碰撞了地球。这一碰不仅使地球自转变快了，同时在碰撞最强的部位，抛出了许多因撞击加热而汽化了的岩石物质。这些气体先是绕着地球转动，而后凝聚成了月球。撞击物质中既有地球的，也有撞击者留下的。

　　月球的成因，目前仍在探索之中，随着各种航天探测器飞临月球，在月球上降落以及宇航员的登月活动的逐渐增多，无疑为揭开月球形成之谜，奠定了坚实的基础。

# 激光测月误差小

**1969** 年 7 月 20 日 10 点 56 分，美国宇航员阿姆斯特朗和奥尔德林先后登上了月球。他们在月面上停留了 2 小时 21 分钟。在这段时间里，他们完成了好几项科学实验，比如用铝箔捕捉从太阳射出的稀有气体；设置测量月面震动的月震仪；安放了一组激光反射镜，用来测量地球与月球间的精确距离。这一组激光反射镜是由 100 块石英制成的直角棱镜组成的。这 100 块棱镜排成 10 行，每行 10 个，构成 60×60 平方厘米的平面列阵。角反射器刚放好，各国科学家立即向它发射激光，进行测试。

宇航员还没有离开月球，日本科学家就捕获了反射光。过了十多天，美国科学家测量到地球与月球上角反射器的距离是 38.392 18

万千米，误差在 45 米以内。以后，各国科学家使用高质量的激光器和精密的时间仪，逐步使测量的误差小到 ±15 厘米。而过去用雷达测量，误差要在 ±1 千米左右。

为什么激光测月误差这么小呢？这是因为激光是方向性最好的光。

激光，是激光器发射的光束。具有三个特点：亮度极高，比太阳的亮度可高几十亿倍；单色性好；方向性好。

现在已知，月球每年以 4 厘米的速度远离地球。

# 利用月球进行通信

**在**第二次世界大战即将结束的最后几个月里，一批德国科学家在进行一项通信试验。晚上，他们用一架大功率的天线对着月球，发射无线电脉冲。周围寂静无声，然而几秒钟以后，他们从无线电接收机中听到了从月球表面反射回来的脉冲回音。科学家欣喜若狂，因为这是人类第一次利用地球以外的物体作反射面进行的通信试验。

利用月球作为反射面的通信，可以采用微波进行。微波，一般指分米波、厘米波、毫米波波段（频率为300兆赫至300吉赫）的无线电波。这种电波不会受电离层的干扰，所以通信质量和保密性都很好，适宜于军事通信，但是由于通信双方要都能看到月亮才能通信，所以每天只有几小时的通信时间，不能全天通信。

科学家受到月球反射通信的启发，设计了无源卫星——人造月亮，发射到近地轨道上，来进行通信。人造月亮是用合成树脂薄膜

制成的，表面上镀了铝，直径为 30 米。它在离地球较近的轨道上绕地球旋转。因为只是利用人造月亮上面的铝薄膜反射面反射电波来通信，上面没有任何转播设备，也没有电源，所以人们称它为无源卫星。1960 年 8 月，"回声 –1"号和"回声 –2"号无源卫星第一次完成了跨大西洋的通话试验。

# 移居月球不是幻想

**美**国休斯敦约翰逊航天中心领导人温德尔·门德尔向白宫提交了向月球上移民的计划。向月球上移民的计划将分阶段实施。

第一阶段是让发射出去的人造月球卫星在围绕着月球的轨道上旋转，其任务是标定向月球上移民的最佳地区。

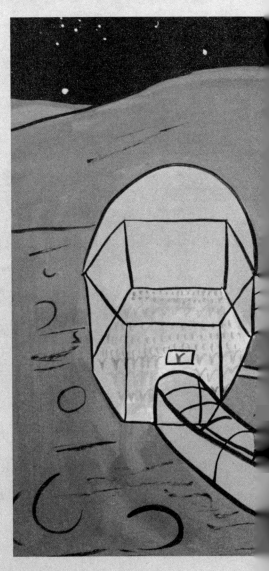

紧接着进入第二阶段，也就是兴建施工阶段。这一阶段地球开始向月球移民并运去基建机械，如掘土机、推土机、起重机等。在这片月球地面上，首先安装"集装箱"巨型管道（直径6米，长18米），它们彼此连接成等边六角形；首批"月亮人"在"集装箱"内栖身。然后又把一个六角形彼此连接起来，就像蜜蜂营造蜂房一样形成建筑群，里面可以容纳上百人生活。第一个月球村将用21根"集装箱"管道连成3个六角形。在每个六角形中间，用高压充气的办法鼓吹起18米高的巨大圆包。第一个包为生产食物的农场，第二个包作为月球表面研究实验室，第三个包则是"月亮人"的公寓。

月球村将成为地球的先进基地。我们可以用很少的能源建造或组织在地球上难以实现的巨型火箭及其发射。

所以说，这项计划是征服太阳系和探测宇宙奥秘的奠基石。